网红餐厅

购物中心美食店

网红餐厅
购物中心美食店

■ 刘 恺／编

广西师范大学出版社　images
·桂林·　Publishing

目 录 CONTENTS

面食餐厅

风味餐厅

前 言 FOREWORD

■ 刘 恺

■ 室内设计在中国不是完整学科，甚至连学科都算不上。设计师还是会随着业主的要求不停地调整自己的设计，有的关注前期策略，有的关注风格。我认为空间设计或者说室内设计不应该是一件作为平面去谈的事情，什么样的人在里面干什么事，远比"室内设计"这几个字重要得多。学室内设计第一要关注人的行为，还有就是要在需求方面有自己独到的见解。社会在飞速发展，读书时学到的东西毕业后可能就已经过时了。未来室内设计肯定会演化成一个跟行为需求相关的解决方案，成为一个综合体。

我一直在关注当下的社会，关注人。人对生活的需求并不是孤立存在的，社会在时代中的变革赋予需求不同的形态和意义，需求是变量，生活也是。我们的生活已经从对功能需求的不断满足，进化到对在社会关系之中产生的场景需求的追求，例如共享。事物的取代关系已经不仅仅源自功能的升级，行为以及在行为中产生的关系成了时代需求的根据。当下时代中需求的产生由生活场景与社会角色形成，再通过每一个有效的设计洞见转换到设计之中，而设计洞见就是这个时代设计的依据和源动力。需求是设计的入口，而设计，是连接生活中各种需求与关系的接口。设计已经不单纯是满足功能，甚至

功能的意义就是来自于场景的需求，从生活场景和社会角色中分析洞见，通过需求的入口，用设计连接不同的功能、方式，这是我认为的属于这个时代的新设计。

近年来，随着国内商业地产的繁荣发展，购物中心的林立，餐厅设计成了设计师非常理想的发挥场所。就餐，是环境、氛围、产品（食物）、体验、服务五位一体的综合感官体验，餐饮品牌委托方也越来越意识到设计对于消费者的就餐行为影响，所以在各个商场里，设计上最百花齐放、不拘一格的，就是餐厅。

设计要满足的不仅仅是功能上的问题。功能是一个载体，不仅是单纯提供一个作用，它还是生活场景的一部分。你不能用自行车去解释共享单车，也不能用小卖部去解释便利店，这些东西面向的是不同的生活场景。在这个时代里，你得抛掉原来单一化、功能化、一元化的思维方式，去迎合人们对不同生活场景和角色的要求。你提供的可能是一个形式，也可能是一个解决方案，甚至是某种体验。设计是一个接口，你要连接不同的素材，要懂策略，懂视觉，甚至懂营销，才能完成一个有效的设计。成功的企业不一定"高大上"，但它永远是在帮人解决问题。它会贴近你的生活场景，给你提供一个在这样的场

景里会影响你的产品。新媒体也是一样。不说它会不会取代实体，至少在这个时代里它更有效。大家能够通过新媒体在有限的时间内获得更多信息。这就是面向角色场景提供解决方案。要想做有效的设计，前提是你要想得更多、更深，而不是简单地探讨功能之外的风格体系。这就是我理解的时代精神。

我相信我们对店铺、空间以及风格都造成了一定的影响，在品牌里体现了某种调性。RIGI 的出现，一方面契合了这个时代——消费升级，市场变革，不管是设计需求还是体验需求，我们都有相应的解决方案；另一方面对品牌来说，我们也做了一些示范性的工作，包括我们的终端理论，在设计工具和设计方法上建立了新的方式。商业空间简单来说是一个形式化的东西，它是一个整体。

我理解的终端，首先它是一处场所。在此空间中使彼此建立了一种有效的联系。终端制造者通常都深刻理解人们心目中对不同生活场景的需求，同时深谙使用者会在此场所中实际发生的行为与对良好体验的期待。经过思考与总结，混合对不同社会角色的观察，提炼出他们的品牌对标客户真正且实际的心理需求，然后配合设计层面的洞见，最终形成"终端思路"。从这个角度看，终端

的作品不仅承载了琳琅满目的各色产品，也和商品本身互相呼应，进而形成统一的逻辑。

新零售的意义在于用不同形态的终端去连接新的时代接口，用需求的价值创造属于品牌的超级用户。终端不仅仅是一个销售场地，更是品牌的第一个产品，而未来终端就是创造和满足超级用户的不同层面需求的超级终端。

火 锅 与 烧 烤 餐 厅

HOT POT AND BARBCUE RESTAURANTS

千味涮

大妙火锅

生如夏花泰式火锅

捞王火锅

鱼乐飞

原牛道

牛八

星炭锅锅香

鱼酷活鱼现烤

721 幸福牧场

设计师专访

原牛道

■■ 设计团队 / 中绘社设计事务所

> "凸显自然原始、怀旧情怀的空间氛围，复古典雅之中又夹带帅气工业风的时代气息，满足都市人渴望亲近自然的愿望，唤醒都市人对自然的最初记忆。"

问：请问餐厅设计是怎样与选址相结合的？

答：虽然在本省，牛肉火锅店一直被定义为街边的大排档，但是客户具有前瞻性，将店址选在深圳最繁华的 CBD 地段，目的是让不同群体的顾客能有更舒适、更卫生的用餐环境。

问：餐厅设计中的功能布置是怎样的？

答：结合客户的选址，根据 CBD 的周边资源，我们在平面上选择了景观最佳的区域设计了具备会议功能的 VIP 包厢，独立私密的用餐氛围，满足了高端顾客的商务宴请需求。同时，我们还设计了可敞开的连通包厢，能满足 40 人同时用餐。

问：怎样完成餐厅的流线设计？

答：能让顾客快速、方便地入座，同时还能欣赏到餐厅里独特的软装布置，感受到餐厅的怀旧情怀。

问：餐厅的主题是什么？

答：餐厅的主题"城市牧场"，凸显自然原始、充满怀旧情怀的空间氛围，复古典雅之中又夹带帅气工业风的时代气息，满足都市人渴望亲近自然的愿望，唤醒都市人对自然的最初记忆。

问：餐厅如何营造氛围？

答：前门入口处营造灌木丛和地被景观，黑白花奶牛散布其间，营造一种安静、怡然的氛围。餐厅内，红砖、木材、花岗岩等材料综合运用，齿轮壁挂、原木铁架、老式留声机以及各种欧式摆件元素凸显了自然原始、怀旧情怀的空间氛围。

问：餐饮品牌如何外化表现？

答：原牛道主做高端的潮式牛肉火锅，体现在传统和新鲜方面。牧场的清新自然与工业风和英伦怀旧风相结合的粗犷帅气，能够让顾客印象深刻，并将原牛道和普通的街边排挡牛肉火锅区别开来。

问：餐厅软装配置是怎样设计的？

答：接待收银区背景的灵感来源于工业时期的机械打字机；卡通小汽车成了客人最喜欢的拍照区；设有仿英伦火车车厢用餐区及英伦邮局圆形包厢；同时还设置有 VIP 包厢，在区域与区域间重叠错落，韵味不尽。俏皮的主题挂画与金属吊灯，搭配有皮革铆钉的家具及仿真绿植。

问：怎样通过设计来聚拢人气？

答：我们通过舒适的用餐环境和人性化的餐桌椅设计，来营造和凸显愉悦、轻松、温馨的氛围。

千味涮

■■ 深圳市华空间设计顾问有限公司

◎ **坐落地点** 中国深圳市和成世纪名园五和大道
⌂ **项目面积** 295 平方米
⌄ **竣工年份** 2015

以健康火锅为理念的著名餐厅千味涮的新分店坐落于深圳市五和路。餐饮品牌特色是以"DIY 酱料的引领者，健康先行者，时尚创新者"来为客户提供优质服务的。餐厅以健康绿色为理念，备受广大消费者喜欢。

餐厅的设计理念是营造一个充满童趣和欢快轻松的就餐环境，为广大的"千粉"提供一个交友请客、家庭就餐、时尚餐饮的最佳选择。而这次千味涮的店面，将以一种全新的视觉突破和打破以往的装修风格，给消费者一个小小的惊喜。设计师运用了五彩斑斓，充满了童趣的手绘墙，营造出童话世界的温暖氛围。

依靠合理的空间区域布局将就餐者的用餐空间进行隔离划分，尽可能地保证各自的私有空间，来满足不同就餐者的需求。而采用充满工业风的桌椅，则实现了和手绘墙形成一种视觉差。这里的火锅原料是以"鲜嫩与自然"为质量保证的，只因想给食客带来一场舌尖上的盛宴。

和大多数的火锅店有一些不同，很多火锅店为了烘托气氛，会把灯光设计得较暗或者以单色调为主。这次设计师考虑到周围人群的因素，在色彩方面，大胆地采用了多种对比色，因为在五和的周围主要以家庭群体生活为主，在选择餐厅的时候，会有很大一部分顾客听从小孩子的意见，所以设计师就运用多种色彩在墙上绘画出一些小孩喜欢的卡通动画，以吸引小孩子的注意。同时也

衬托得整体环境更加轻松愉快，给人们提供一个休闲的场所。

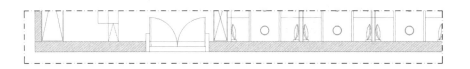

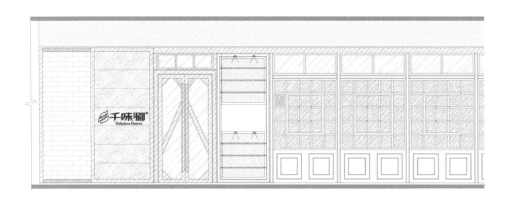

大妙火锅

::: 深圳市艺鼎装饰设计有限公司

- ⊙ **坐落地点** 中国深圳市万象天地
- ⌂ **项目面积** 406 平方米
- ⌄ **竣工年份** 2017
- ◎ **摄 影 师** 江恒宇

本案以新中式风格为主，在展现中式文化与艺术魅力的同时，以简练的线条、纯粹的色彩、不雕琢的质朴元素表达出中式的清雅端庄。

入口处醒目的红色辣椒组合图形，恰到好处地描绘了"一锅红艳，人生大妙"的品牌理念。走廊旁排列整齐的陶罐，与花艺装饰相结合，不仅有种返璞归真之感，还充盈着自然与活力，让人在自然的气息中体会温馨和舒适。在整个空间中，设计师采用中式经典的色彩，以黑白灰为基调，搭配桃木色的椅子和餐桌，给人古香古色之感。此外，设计师还采用门洞、雕花窗以及屏风等元素，来体现中式庭院的原始质感，让就餐者漫游在传统与艺术交织的世界里，感受古典情怀肆意流淌。在这里，或许

可以让就餐者焦虑、浮躁的心安定下来。

区域空间的出入口采用门洞设计，深色的水泥质朴沉稳，展现出空间的气派。在原本沉重的黑色背景下，设计师在墙上巧妙地利用颜色鲜艳的装饰画和花艺作为装饰，为空间注入活力。背景墙上的木头挂饰与绿植在灰色水泥墙面的映衬下越发显得优雅精巧，为空间带来别样的柔情。包厢则使用雕花屏风隔断，若隐若现的视觉呈现不仅给空间增加隐秘性，也增加了艺术感。一个个镂空窗棂在打破空间之余又平衡了空间界域，在线条笔墨的游走中，进入无实相的世界，在虚实之间流转，赋予空间绵绵不尽的想象。该设计的巧妙之处是设计师在天花板上放置了一根空心大木头，把水引流到大厅门洞的陶

罐处，通过巧妙的艺术构设，创造出具有诗情画意的景观。一水一木均能产生出深远的意境，徜徉其中，可使人得到心灵的净化与美的享受。

庭院深深深几许，人们倾心于这样的时光，素心淡雅，于浮世清欢里细数光阴，在得失荣辱中点缀流年。青山也好，一草一木、一人一花也好，它们就在那里，寂然欢喜，温暖美好。

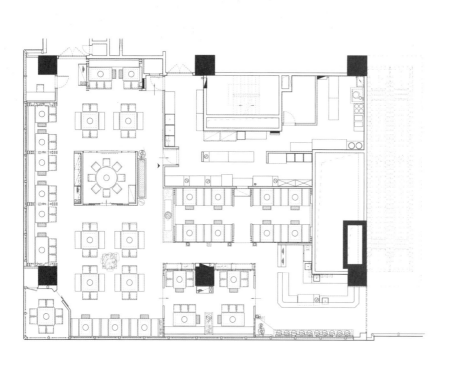

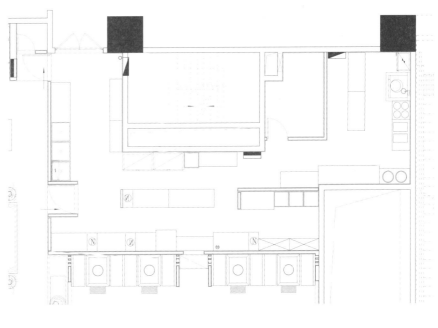

生如夏花泰式火锅

▦▦ 成都方糖品牌营销策划有限公司

- ⊙ **坐落地点** 中国四川省成都市高新区天府二街鹭洲里
- ⌂ **项目面积** 620 平方米
- ⊙ **竣工年份** 2017
- 👤 **设 计 师** 罗　斌
- 📷 **摄 影 师** 黄庆龙

生如夏花泰式火锅鹭洲里店位于成都天府二街鹭洲里街区4楼，为生如夏花品牌的第二家店。作为该品牌旗舰店，业主希望通过对空间的精心设计，使就餐空间环境达到较高品质，同时遵循一店确定的客户路线。

在一店的设计中，设计师们充分分析泰式火锅的内核和主力受众人群——爱自拍的、18～35岁的、精致的女性。VI与SI均围绕这个点开始设计，将文艺、小资、小清新、私密、景致丰富等特点充分体现在平面与空间之中。摒弃掉了传统的泰式大象、芭蕉、佛像等厚重的元素，取而代之的是采用淡蓝色、植物、纱幔等清新淡雅的元素。二店沿用了这样的理念，并将该理念进一步放大。考虑到女性就餐喜欢私密性，二店的设计中，全部采用卡座，

让空间更加舒适与私密；考虑到拍照与传播，二店内部的设计做到一步一景，还专门在门口设计了一块美观大方的拍照墙，灯光也调整到自拍最美的亮度，让女性不可拒绝地拍照发朋友圈，形成口口相传的宣传效应，利于品牌的推广。

二店店面的地址在成都市南门，南门是新经济开发区，很多大型企业在这片土地上扎根，考虑到商务人群较多，存在商务宴请的客群，所以在平面和空间的设计中较之于一店做了升级与调整。空间中使用了石材和金属线条的点缀，显得较为硬朗和干练，不会过于女性化和柔美，希望能更好地把工作的快节奏和成都的慢生活糅合在一起，营造商务与悠闲的氛围，让用餐人群在忙碌中静下

来，好好享受美食。石材和金属线条的搭配提升了质感；定制的木雕花隔断和绿色的木器漆烘托出泰国的味道；纱幔和沙发的配合柔化了空间；多变的空间分区，一步一景的设计，给人别致的感觉，让主要的消费人群更加喜爱这里，也让这里成为成都不折不扣的排队网红店。

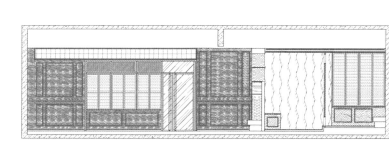

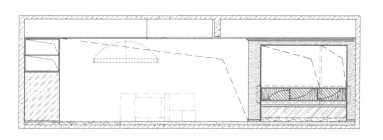

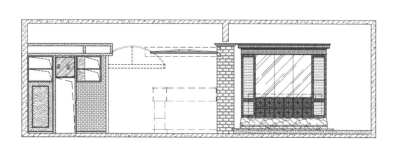

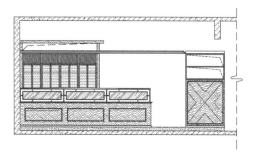

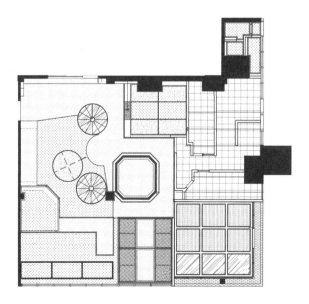

捞王火锅

KYDO 耕宇设计事务所

◎ **坐落地点** 中国台湾省台北市东区百货高楼
⌂ **项目面积** 529 平方米
⌄ **竣工年份** 2017
⚇ **设计团队** 廖耕宇，施嘉羚，王文显，吕昂珊
☉ **摄影师** 汪德范

2017 年冬季，坐落于东区百货高楼的捞王火锅店，有如驾临于台北市最灯火通明的区域一般，顺势袭染了一身的流光灿色，吸引人们前来，并勾起了人们的食欲；以满城满载的光谱意象，折射出超乎食者经验的，色香味川流横溢的用餐环境，让味蕾不断拥有尝新般的感受。

此案有别以往，设计师思考餐馆设计的轴心逻辑是以圣经马太福音章节内的光盐传说为潜在思维，引经据典并以微妙的转化，成为空间分割与细部设计的元素，让原有热气凝聚的既定空间感知，轻盈化为另类饮食体验，也借此体现出此火锅餐饮业者提供异于其他同业者的特殊食材与服务流程。而设计师意图将人们的食用习性与空间经验化为一体，于是在热气蒸腾的场域中，火光"食"

色的空间引线将成为互相交叠、延展与穿透的介质，因而各部分的空间切割，不以实墙作为划分基础，而以数片结晶切割式的白绘描边线条饰彩玻璃，纵向、横向地穿插在各席间作为软间隔用材，此结晶般的玻璃介质兼具延伸与区隔的作用，既可作为视觉焦点，也可处处传递出光与盐融合之意象，当灯光折射于其上，宛如散布的点点星光，将众人笼罩于光之维度。

低彩度的材质使用，将演绎光的缤纷，以至于明暗层次随之流转，揭示了空间层次。整体空间以低阻隔性的席位间隔设计，作为空间界线的分野，在中央客席区设计以数座十字形黄铜细线吊灯，微微的弧形线条，融合了点燃古典油灯的曲线，以及以油灯引领前路的含意。延

长灯架的线条垂直弯折于地面上，又成了私密客席区的双引线，并与暗灰色斑纹贴石桌面、交叉横纹木地板、棕色系座椅布材搭衬，使其明暗有序，在华丽中匿藏厚重的沉稳，共同展示出各区的饮食领地。设计师在相对于厨房展区远方的端景处（最内部客席区的大墙面上），布以木色材质的贴石装饰了空间，于其上饰以枯木装置，好在动态的喧嚣中注入一股沉静之息。厨房区开了长方形横向的透明视窗，平行对称于另一端点客席区的横向隔墙，让餐厅中央密集的席客区被水平长窗拉宽拉长，相对地也将两侧的席位区与烹煮区的视野（正在进行的用餐与烹煮动作）演绎成动态的展演现场。全区以黑玻璃镜面的反射延伸效果，拉伸天花板的挑高尺度，墨染般的天花板又因光线均匀的散布，加上镜面制造的去边

界化效果，配合绿色深邃的石头地板，让整体空间如潜行中的明光暗火，指引人们行走于漫漫长路上。

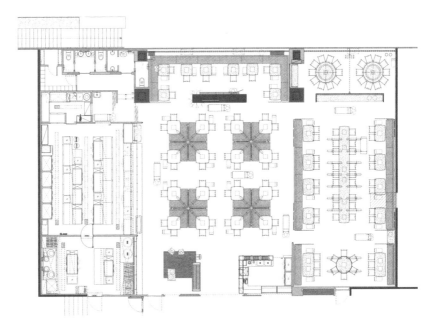

鱼乐飞

深圳市艺鼎装饰设计有限公司

- 坐落地点　中国深圳市坂田购物中心
- 项目面积　300 平方米
- 竣工年份　2017
- 摄 影 师　江恒宇

鱼乐飞是一家以鱼锅为主题的年轻品牌餐厅，主要面向八零、九零后女性消费者。本案位于深圳市坂田购物中心，交通便利，居住人口密集，周边设施完善。

设计师提炼鱼纹作为空间主要元素，打造一个休闲、时尚、以鱼为主题的用餐环境。在硬装方面，材质以黑色金属和实木为框架，水泥墙为底色，加入白色水磨石形成高中低色调对比，水泥砖与木纹砖穿插结合装饰地面。软装局部加入编制物，棉麻布艺为空间增添了质朴气息。

餐厅色彩以素雅的黑灰为空间主色调，配以金属色贯穿并延伸至整个空间，给人的整体感受是时尚精致有细节。在用餐区的设置上以舒适的卡座为主，提高用餐舒适度

及私密性，明档及厨房前置做开放式体验，让顾客看到食材的完整呈现。

在餐厅内，随处可见与"鱼"相关的设计元素，这与餐厅鱼锅的主题相得益彰。餐厅内的装潢更是切中主题，墙上的鱼纹，天花板上鱼的插画等元素，让人仿佛置身在鱼的海洋。

卡座用餐区域，因原建筑立面有承重柱，使整面墙在视觉上后移，空间也无法合理利用，设计师便以橱窗的概念重新规划区域立面，使用一整面的黑镜做装饰，使整个空间在视觉上获得了延伸。镜面前的木板上雕刻出了一条鱼的形状，并在木板上作了画。包裹住鱼身的报纸上绘制了鱼乐飞的品牌故事，丰富了空间的文化属性，同样将本来较难利用的区域变成了空间的一道风景。

墙面的定制鱼纹为三种不同色感的玫瑰金色铜板定制而成，在统一的形状下以亮面和磨砂面两种不同制作工艺呈现，成为空间精致而又不失品牌诉求的一种表现形式，从而加深消费者的视觉记忆。再延伸至灯具与之相互呼应，把鱼的形态体现得淋漓尽致，营造一种"此处无鱼胜有鱼"的用餐意境，增加了消费者与空间的互动性，提升整间餐厅的活跃氛围。该设计的巧妙之处是设计师在天花板处用鱼篓围成一个屏风的形态，精致美观，同时增加了用餐环境的私密性，让消费者体验更隐秘的用餐环境。

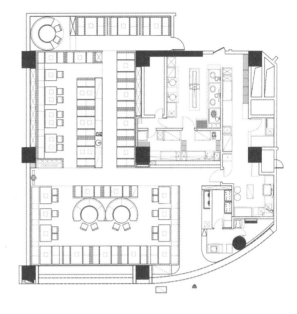

原牛道

▓▓ 中绘社设计事务所

◎ **坐落地点** 中国深圳市福田区现代国际大厦
⌂ **项目面积** 1700 平方米
◇ **竣工年份** 2016
◎ **摄 影 师** 范文耀

牧场，不仅仅是"风吹草低见牛羊"的美丽风景，还代表着"诗和远方"般的自由生活。久居城市的人对自然的疏远和隔离，在原牛道福田店将会消失不见。

中绘社在前门入口处营造灌木丛和地被景观，黑白花奶牛散布其间，让一股安静、怡然的感觉扑面而来。开放式橱窗展示新鲜的牛肉与切肉师傅的娴熟刀法，更撩动想要大快朵颐的食客的食欲。

追随淡淡的肉香踏进用餐空间，目光所及处皆诠释了"城市牧场"的设计主题。红砖、木材、花岗岩等材料的综合运用，塑造了英国工业革命时代鼎盛时期的街景风格。齿轮壁挂、原木铁架、老式留声机以及各种欧式摆

件，赋予了空间复古典雅之外又夹带帅气工业风的时代气息。

空间依据不同功能和情景进行切割：接待收银区背景的灵感来源于工业时期的机械打字机；卡通小汽车成了客人最喜欢的拍照区；仿英伦火车车厢用餐区及英伦邮局的圆形包厢十分有特色；还设有开会与聚餐相结合的VIP包厢，区域与区域间重叠错落，韵味不尽。俏皮的主题挂画与金属吊灯，搭配皮革铆钉的家具及仿真绿植，将古朴的牧场元素全盘托出，凸显自然原始、情怀怀旧的空间氛围。

中绘社以设计的角度，解答着人们愈加渴望亲近自然的

原因。而原牛道福田店的牧场装饰元素也好，原切原味的优质肉源也好，都只为唤醒都市人对自然的最初记忆。

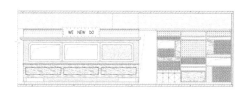

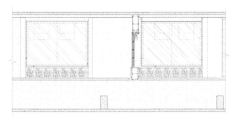

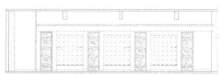

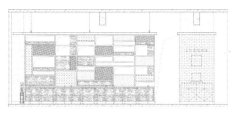

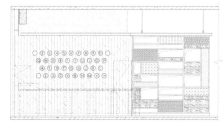

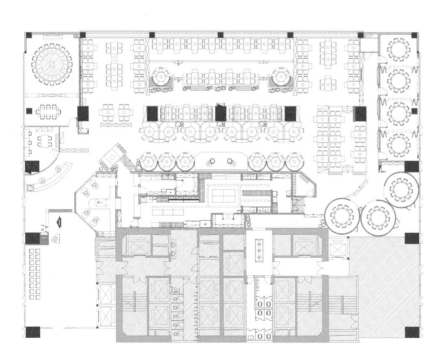

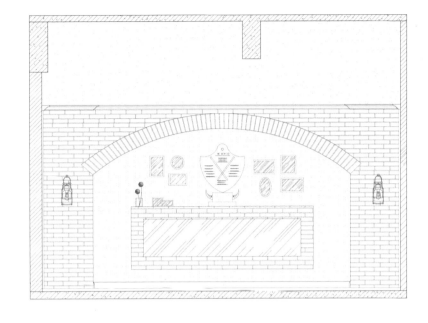

牛八

:: STUDIO C8 有限公司

⊙ **坐落地点** 中国香港特别行政区尖沙咀 K11 购物艺术馆
⌂ **项目面积** 169 平方米
⊙ **竣工年份** 2017
⊙ **摄　　影** Nacása & Partners

2017 年 1 月，牛八在 K11 购物艺术馆开业。K11 购物艺术馆自诩是全球首家将艺术、人文、自然三大核心元素融合的艺术购物中心。在这里，人们可以看到一些艺术展览和与艺术相关的装饰品，为人们提供了特别的购物体验，带来愉悦的感官享受。K11 购物艺术馆已经发展成一家与众不同的购物中心。

牛八是一家日式火锅餐厅（涮涮锅）。设计宗旨是打造时尚、休闲的餐厅体验，以现代日式火锅餐厅的背景，吸引更多的城市工作者和外地游客。设计团队从日式传统设计风格中汲取灵感，参考了其中的色彩、材料和形式。他们希望赋予这一融合了传统与现代感的清爽、时尚的空间以日式味道。"简洁、温暖的日式风格"，是牛八的设计理念。设计团队为

这一如艺术品般的简洁空间设计了一个简单、有趣的设计方案，因而出现了各种尺寸的三角形橡木格子，作为分隔中间座椅和立面的隔墙，以此凸显日式风格与"和"的概念。

餐厅内部使用了多种对比鲜明的材料：砂浆给人以无机之感；木材则营造了一种温暖、舒适的氛围。这两种材料的结合也使餐厅环境变得清新、自然。柜台顶板是用黑色的大理石打造的与黑漆骨架天花板一同彰显现代日式风格的精髓。餐厅的整体设计方案秉持大胆、有趣的美学理念，为用餐者打造真正独特的用餐体验。

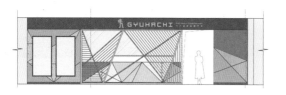
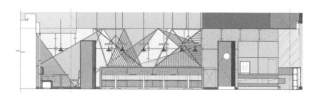
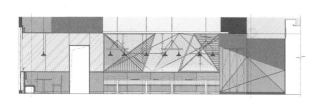

星炭锅锅香

■■ 深圳市华空间设计顾问有限公司

◎ **坐落地点** 中国深圳市东门茂业百货
⌂ **项目面积** 230 平方米
◎ **竣工年份** 2015
◎ **摄　　影** 三度视觉文化

本案位于深圳市东门茂业百货商场。星炭锅锅香主要以提供美味的烤鱼为主，而在餐饮业如雨后春笋般崛起的今天，各大餐厅的风格不得不面临一种"越来越像"的整体趋势，其中以工业风为首要流行风格。烤鱼餐厅几乎全部以探鱼、炉鱼为风向标，以铁艺与花砖作为主材，使其缺少品牌的识别性，沦为没有个人风格的相似产物。在本案中，设计师以打造一个"城市绿洲"来塑造一个全新的品牌形象，致力在这喧嚣的都市中创造一份宁静，为消费者打造一片远离忙碌的心灵栖息之所，给顾客一段舒适的自然时光。

店址位于深圳市东门茂业百货负一楼，没有自然采光，层高比较有局限性，为了能实现"城市绿洲"这个主题

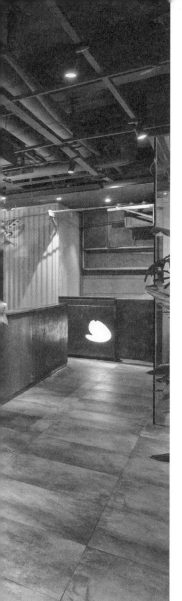

概念，设计师将餐厅的门头入口处打造成了户外花园的调性，就餐者在进入餐厅的那一刻便可以放慢脚步，进入一段慢时光，享受空间的趣味性和层次感。此外，错落有致的绿植营造出了花园里轻松舒适的氛围。在这里，时光被稀释了，脚步不由自主地放慢了，心中的缺失感被填满了，忧心事忘怀了，它带给了就餐者一个独特的空间。

在这个喧嚣、忙碌的都市之中，每个人都渴望回归自然，我们的设计师便把这里打造成一个理想之地，移步餐厅内，位于正中间的铁房子，给人一种强烈的视觉冲击，形成有落差的空间感，而整体空间采用无隔断的空间形式，仅用绿植来划分区域，打破传统隔断的设计手法，

体现少即是多的简约之感，让就餐者在享用美味的同时也能感受到设计的用心之处——去除刻意的设计与手法，让一切回归于自然。以水泥、原木、绿植等元素作为本案的主题材质，让就餐者置身于餐厅的任何地方都能被自然的气息与温暖的感觉包围。

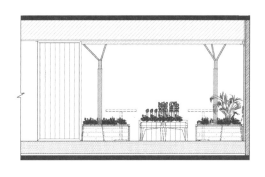

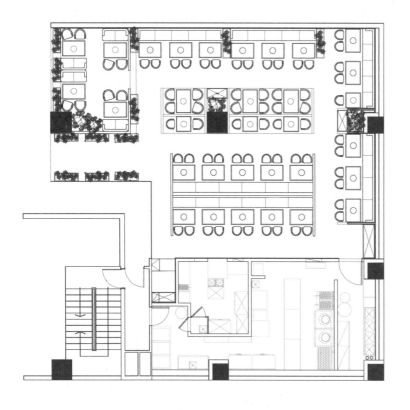

鱼酷活鱼现烤

■■ 深圳市华空间设计顾问有限公司

◎ **坐落地点** 中国天津市河西区南京路天津国贸购物中心

⌂ **项目面积** 307 平方米

◡ **竣工年份** 2015

📷 **摄 影 师** 陈兵

鱼酷现烤活鱼是一家位于天津市南京路的休闲餐厅，采用新鲜活鱼作为原料，制作并提供美味可口的现烤活鱼。这里拥有二十多种口味的烤鱼，其中酸辣果趣味是最为独特的口味，有种让人拿得起筷子却放不下的魅力，深受广大食客的喜爱。为了能让食客在大快朵颐时还能感受到就餐环境的无限乐趣，本案设计师以"运动风"为设计主题，并结合品牌故事，给大家带来了全新的体验。

以运动风为主题的餐厅可谓不少见，为了能与其他的餐饮品牌实现品牌差异化，主案设计师选择了极限运动里具有挑战性的攀岩为设计元素，而这正与品牌的故事相贴切——"每一条活鱼都是运动员""做到别人做不到的事情"。设计师将品牌故事贯穿了整个设计方案，把一

个品牌的力量与食客一起分享，希望能产生精神上的共鸣。

此次鱼酷以攀岩馆作为主题元素是想给烤鱼达人们制造一个更加舒适有趣的就餐空间。设计师别出心裁地运用了攀岩道具和攀岩墙为主要装饰物品，带来最佳的视觉效果，以最生动的形式营造出一种浓厚的运动氛围，体现餐饮品牌的内涵——年轻有活力，而这也是鱼酷想呈现给食客的生活态度。

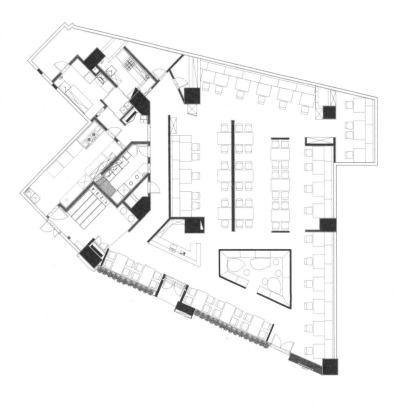

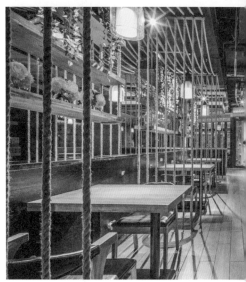

721幸福牧场

▦▦ 古鲁奇建筑咨询有限公司

◎ **坐落地点** 中国上海市黄浦区 SOHO 复兴广场
⌂ **项目面积** 200 平方米
◌ **竣工年份** 2016
📷 **摄影师** 鲁鲁西

幸福牧场是一个年轻的品牌，成立于 2012 年，这个名字一听就令人心旷神怡。在繁华都市，面对忙忙碌碌的人群，店家希望开一家能够给顾客带来幸福感的餐厅。古鲁奇设计团队基于品牌的内涵，将这里打造成专门生产"幸福"的牧场，希望在繁忙的上海都市中创造一个闹中取静的幸福角落。

从餐厅布局上不难看出，就餐区很自然地被划分为明档餐位和开敞餐位，可以满足不同顾客的需求。不管你是午休时一两个人来吃饭，还是逛街后三四个人停足歇息，这里都不失为一个不错的选择。最特别的是，餐厅中一共有 30 个餐位，却有 18 个餐位位于餐厅外，为客人打造了一种特别的用餐体验。

对于幸福牧场的诠释，设计师选择了欧洲牧场谷仓的意象。谷仓是古代城市中用来储存粮食的建筑，象征着百姓的温饱和城市的发展，是那个时期"幸福感"的一种体现。所以餐厅被打造成清新的牧场风格，立面上大量应用木板和木格子，用餐区的顶部则采用谷仓房顶的木结构。

除了木质装饰，外部立面上还采用了大量的玻璃材质，尤其是用餐区处几个大大的落地玻璃门尤其显眼。玻璃的选用增加了现代气息，使空间显得灵动而轻巧。除此之外，玻璃门具有很大的实用价值：闭店后，玻璃门关闭；开店后，玻璃门打开成了餐桌之间的屏风，增加了私密感。

对于餐厅的内部装饰，设计师将用餐区的整面墙打造成了木质储物架，放满了绿色盆栽和水杯，让用餐者不禁感受到欧洲牧场谷仓的清新与自然，仿佛置身其中。设计师认为，对于现代餐饮空间的设计，食客的心理因素要优先于生理因素来考虑。特别是在繁华的都市中心，用餐不只是纯粹的生理行为，更多的是心理学的反射。每当用餐时刻，人们思考的除了美食之外，还要选择一个能让身心完全放松的空间，在饱餐一顿的同时也能得到幸福感。

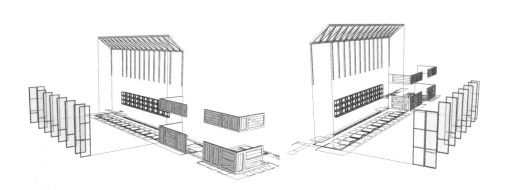

休 闲 餐 厅
CASUAL RESTAURANTS

表叔茶餐厅

港丽餐厅

布鱼餐厅

RESTAURANT y

XOC TEQUILA GRILL 餐厅

Battingstar 大明猩棒球餐吧

条顿骑士

好色派沙拉

设计师专访

布鱼餐厅

■■ 设计师 / 姜元，宋晨

"用餐的过程，可以是一次奇妙的旅行。以美好的用餐环境、精致的菜品和优质的服务，在用餐的短暂时光里，为客人提供一次身心沉浸的独特体验。"

问：请问餐厅设计是怎样与场地选址相结合的？

答：餐厅所在的商场位于北京王府井商圈。如何吸引第一次来到这里的客人的注意是店铺选址给设计师带来的课题，也是做这个设计的出发点之一。

问：餐厅设计中的功能布置是怎样的？

答：这里有开放就餐区、较私密就餐区、半开敞卡座及厨房。开放就餐区位于店铺外侧，客人可以在这里小憩，点一杯饮料或一个甜点。沿着走廊向内，我们灵活利用了拐角空间，设置了半开敞卡座。店铺内侧的座位是相对私密的，不会与外部走廊形成对视。这样的平面布置是为了给用餐者提供更加安静、优雅的就餐环境。

问：怎样完成餐厅的流线设计？

答：餐厅的基本流线呈 S 形。无论是平面流线布置还是天花板造型设计，我们都充分利用曲线所带来的柔美的感觉去营造一个轻盈、优雅、舒适的用餐环境。

问：餐厅主题定位是什么？

答：餐厅定位为轻法餐。菜品以融合法餐的精髓和中国人饮食习惯为原则，对法餐进行了创新。

问：餐厅如何营造氛围？

答：流动的曲面造型、模仿水下珊瑚丛的彩色重叠金属网造型等元素整合在一起，共同营造了一个轻盈、优雅、浪漫、梦幻的氛围。

问：餐饮品牌如何外化表现？

答：品牌主理人从法国归来，在外化表现上，我们希望传达出主理人对他曾居住的地中海沿岸的热爱。我们利用对水下彩色珊瑚丛造型的重塑，来传达这一品牌信息。

问：餐厅软装配置是怎样设计的？

答：家具和配饰的选择也经过了精心地考量和筛选，例如：具有柔软触感的座椅、精致考究的金属装饰细节，等等。

问：怎样通过设计来聚拢人气？

答：我们认为用餐的过程，可以是一次奇妙的旅行。以美好的用餐环境、精致的菜品和优质的服务，在用餐的短暂时光里，为客人提供一次身心沉浸的独特体验，是设计者和餐厅主理人的共同目标。

表叔茶餐厅

▓▓ 深圳市艺鼎装饰设计有限公司

- ⊙ **坐落地点** 中国云南省昆明市顺城购物中心
- ⌂ **项目面积** 230 平方米
- ♡ **竣工年份** 2017
- 📷 **摄 影 师** 江恒宇

表叔茶餐厅是一间新潮的港式茶餐厅，其延续了香港特有的文化，主要以港式粤菜、甜点、饮品为主，旨在打造一间有温度的茶餐厅。本案位于云南省昆明市顺城购物中心——集休闲娱乐、消费购物、旅游观光为一体的时尚前沿发源地。周边小区密集，交通便利，地理位置优越。

在本案中，设计师运用精致而简单的设计来诠释"表叔"的品牌文化。通过对空间形式的强调，加强视觉效果，同时借用色彩及材质特有的属性，营造一个年轻时尚、舒适明快的就餐空间。空间以暖灰色为基调，以复古的墨绿色搭配精致黄铜来诠释香港印象，也让整个空间看起来舒适明亮，让消费者保持愉快的心情。硬装方面，

设计师使用了水磨石平铺地面、米白色肌理漆配以铜黄色钢条、大理石纹桌面、灰色水磨石等材料，让整个空间看起来精致简洁。软装方面则利用四脚凳子加上布艺增强空间的文艺感，深灰色的坐垫在整个浅色空间里更显档次，大厅内的大理石纹餐桌，简约而又不失现代感，与怀旧的香港形成鲜明对比，为空间增添不一样的风采。

为体现出独特的香港文化，设计师以香港路牌作为吊灯倒挂于空间中，形成本案的一大亮点，融合了香港文化元素的同时彰显现代气息。此外，设计师在卡座区域使用木饰面拼花处理墙面，为空间增添了一些艺术感。

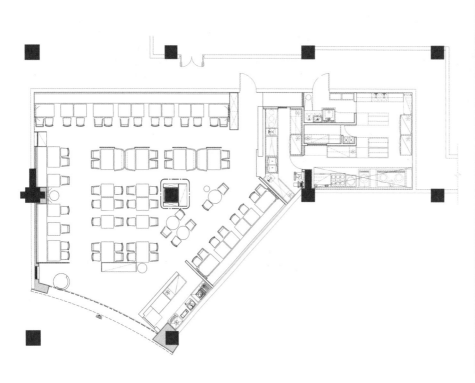

港丽餐厅

:::: 古鲁奇建筑咨询有限公司

◎ **坐落地点** 中国北京市西单大悦城
⌂ **项目面积** 600 平方米
◡ **竣工年份** 2017
▣ **摄 影 师** 朴言

去过香港的人都知道，有街巷的地方就有茶餐厅，由于其方便快捷的服务以及多种多样的食物而广受欢迎，成为人们生活中不可缺少的一部分。茶餐厅在香港已经是市井的代名词。港丽茶餐厅是一家连锁港式茶餐厅，如今在北京、上海已有近几十家分店。在港丽的设计方面，古鲁奇设计团队相信，简洁明朗的装饰风格会与亲民的茶餐厅文化更吻合。

餐厅整体与商场呈现半开放式格局，港丽茶餐厅成了商场公共空间的延伸。餐厅入口的开敞区域采用低矮的栏杆进行围合，在保证餐饮区域独立性就餐的同时也让餐厅最大程度地呈现出开放欢迎的姿态，同时使商场里的访客对餐厅内部状况一览无余并感受到餐厅的氛围。

在餐厅内部，设计师采用深色金属格栅对空间进行分割，形成不同区域，保持开放的同时又防止了空间的单一，并形成了一定的私密性。格栅同时应用到开敞区的天花板，与餐厅立面修饰相呼应，保持了开敞区的完整性。黑色金属格栅互相穿插，倒有几分像高楼外面的脚手架，明快简洁之余，增添了几分旺角街头的气息。

除了开敞区，餐厅还设有私密性稍微高一点儿的卡座区。室外元素——蓝色的遮阳棚、摆放杂物的货架——被应用到室内，营造出街道市集的感觉，颇有几分市井气息。老式的皮沙发，大理石桌面的餐桌，像在叙说东方之珠的故事。墙上的画也经过设计师的挑选，展现出街道一片繁忙的景象，强化了港式的市井以及快节奏的氛围。

明快鲜艳的颜色让餐厅展现出年轻的一面。

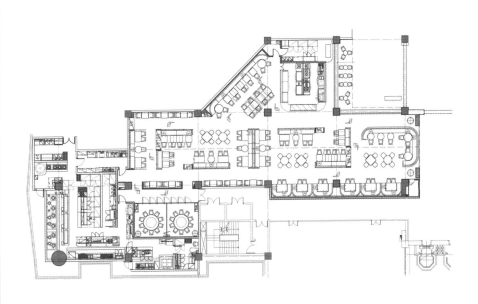

BLUFISH

布鱼餐厅

SODA 建筑师事务所

⊙ **坐落地点** 中国北京市王府井 138 号 APM 购物中心
⌂ **项目面积** 210 平方米
⊙ **竣工年份** 2017
📷 **摄 影 师** 陈惜玉

布鱼餐厅的最初设计灵感来自于餐厅的合伙人 ALEX 和他太太。当 SODA 建筑师事务所的设计师们认识他们后，除了他们对美食和生活的热爱，给设计师们留下更深刻印象的是他们两位在法国南部小城市里发生的散发着地中海味道的爱情故事。设计师们希望通过这个设计——明亮的光线、清透的海水、随水面晃动的光影、色彩斑斓的珊瑚，以及属于恋人的甜蜜情绪来分享 ALEX 和他太太的爱情故事里的感悟。

餐厅位于王府井 APM 购物中心的地下一层，设计师们希望这里可以像是洒满穿过水面光线的，充满活力的水下世界。餐厅因现场条件被分成了狭长的两部分。设计师们借助一个自然曲面的空间形态，来强化整体空间的

连续感，也能最大程度地利用有效层高。同时还将空间衍生，营造出4个如海底洞穴般的单元，做为较独立的就餐位置。

餐厅的名字——布鱼，本身就带着一丝蓝色，就像是那些在地中海色彩斑斓的珊瑚群中偶尔能看到的蓝色小鱼。为了呼应餐厅的主题，表达情景中温暖的色彩，设计师们经过多轮推敲和尝试后，选择了6种看上去有几分童话感的、温暖的手绘图形，来代表水底的珊瑚、水草和小鱼，等等。通过使用激光切割金属网来制作这些图案，之后将它们叠加附着在白色的曲面造型之上，以营造出这种水下影像所特有的、绚烂的、半透明的、模糊的、不稳定的视觉效果。

设计师们通过对常见低成本材料应用的可能性研究，达到了预期的视觉效果。在满足了最高级别消防要求的同时，有效地控制了成本。他们通过一系列叠加的、多层次的有故事叙述性的展示把这个设计实现出来。希望能够重新唤起那些被忽视的或是意料之外的小情绪。

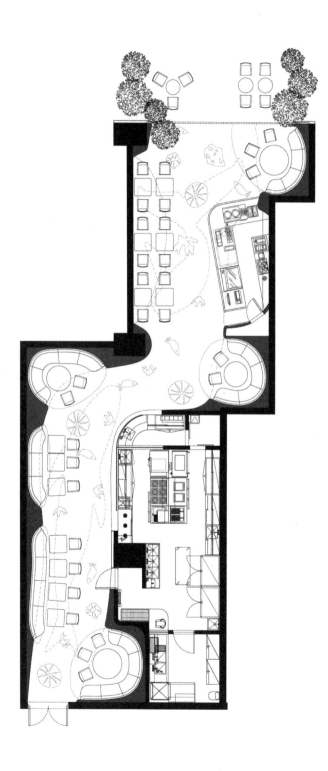

RESTAURANT y

::: odd 设计事务所

◎ **坐落地点** 中国北京市朝阳区三里屯太古里北区
⌂ **项目面积** 360 平方米
⊙ **竣工年份** 2017
◉ **摄　　影** 锐景摄影

位于朝阳区的三里屯是北京最具个性与魅力的风尚地标。相比南区，北区的整体气氛内敛奢华，呈现出大都会的优雅包容气质。RESTAURANT y 的设计概念是城市休闲餐厅和休息空间。大面积的无色彩材料，如灰色涂料、白色不锈钢，营造出低调沉稳的时尚风格。温润的木色与暖灯光为就餐者打造了舒适、愉悦的就餐空间。露台的黑色石材地面与带有舒适面料的实木家具的结合则展现出放松、惬意的氛围。

对于很多高档西餐厅来说，地面和墙面通常使用大理石材料，但太多的大理石会给人一种非常正式和拘束的空间感受。为了营造轻松的就餐气氛，设计师们使用马赛克瓷砖，不规则的拼花图案给人以年轻、独特的就餐体验。

餐厅的就餐区一半在室内，一半在露台。室内的西侧开放厨房超长的多功能吧台，以及东侧与玻璃幕墙平行的咖啡吧台，它们的拉丝不锈钢材质与周围融为一体。多功能吧台上方极简但不冷峻的吊架及其食物、酒水与厨具的展示，都会让客人与餐厅在不自觉间进行了互动。客人就餐时看着大厨们在布满六角小瓷砖墙面的厨房里有条不紊地忙碌，也不失为绝佳的就餐体验。

室内与露台之间是多扇可中轴回转的黑框玻璃门，在开合之间，玻璃上放大的食材艺术切片效果，给客人不一样的感官体验。就餐者进入满园绿植的花园露台，就能看见兼具餐台和座椅功能的柚木材质的花池、多款天然石材相间的地面，以及 62 厘米的桌子搭配 39 厘米的皮

质软包休闲椅——整个人坐在上面，就可以放松身心，感受生活。

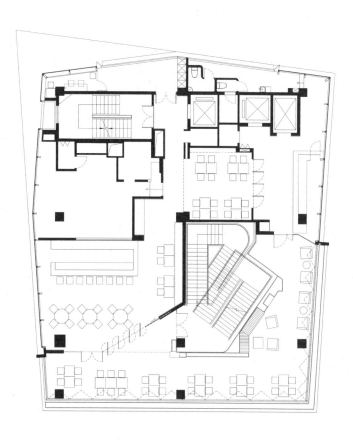

XOC TEQUILA GRILL 餐厅

▓ JAGAR ARCHITECTURE 事务所

◎ **坐落地点** 美国洛杉矶伍德兰希尔斯韦斯特菲尔德托
潘加购物中心
⌂ **项目面积** 900 平方米
◇ **竣工年份** 2016
◎ **摄　影** 奥尔多·沙克（Aldo Chacón），
JAGAR ARCHITECTURE 事务所

设计师何塞·安东尼·冈萨雷斯（Jose Antonio Gonzalez）
对 XOC TEQUILA GRILL 餐厅内部进行了重新构思。餐
厅位于韦斯特菲尔德托潘加购物中心内。

设计师希望新餐厅能从韦斯特菲尔德托潘加购物中心的
众多餐厅中脱颖而出。为了实现这一目标，建筑师利用
自己的经验打造了一个清新、充满生机的新空间，不仅
可以为客人提供独立的用餐体验，还与整个餐厅的活跃
气氛保持一定的联系。

舒克女王是雅克齐兰的玛雅王后，被认为是玛雅文明中
最强势、最杰出的女性之一。项目设计对玛雅金字塔上
的浮雕和雕像进行了现代化、工业化的解读。酒吧的玻

璃吧台使人想起常见于深山洞穴中的石英脉。当客人品
尝厨师的创意菜肴（被视为正宗的墨西哥食物）时，会
被这里的环境所吸引——沉醉于安装有壁炉的惬意、舒
适的屋内庭院。这家餐厅最受欢迎的特色大概是那棵有
着扭曲树干和拱形枝干的大树，它象征着热带雨林，也
象征着玛雅文明纵横的天下。餐厅内部的装饰色彩为绿
色和黄色，原木色的应用与大地色相互作用，使夜晚变
得绚丽多彩。对于建筑师来说，这只是平衡与对比的问
题。设计师说："我希望营造一种人们谈及食物好似在探
讨设计的氛围。"

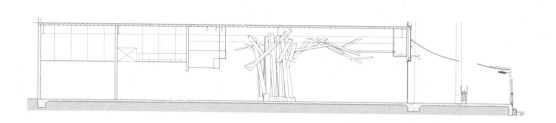

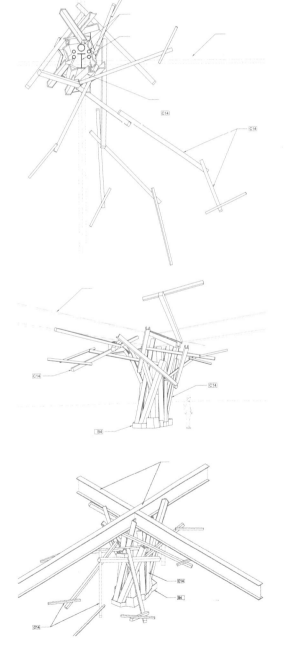

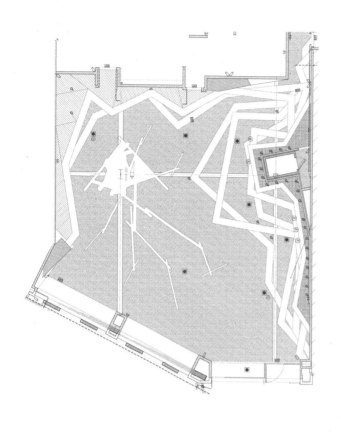

Battingstar
大明猩棒球餐吧

■■ 成都方糖品牌营销策划有限公司

◎ **坐落地点** 中国四川省成都市青羊区贝森路西村大院
⌂ **项目面积** 860 平方米
⌄ **竣工年份** 2017
👤 **设 计 师** 罗 斌
📷 **摄 影 师** 黄庆龙

棒球文化在国际上比较盛行，而在中国国内的普及程度
还处于初级阶段，但国内并不缺乏爱好棒球运动的人。
棒球主题餐吧在国内也算是比较前沿并具有可尝试性的。
Battingstar 大明猩棒球餐吧位于成都市西村大院五楼，
是西南第一家，也是目前全国最大的一家棒球主题餐吧。

设计师通过在酷玩的酒吧文化中融入棒球文化，打造了
一个舒适的适合年轻人聚会的餐吧。设计师通过金属水
管的造型，呼应酒吧中棒球场的铁栏杆，让棒球场地在
酒吧中不会显得格格不入。该项目大量应用金属、亮面
皮质沙发，并用爱迪生灯将酒吧文化点亮，同时为了区
别普通的餐吧，餐厅内大量使用电视机，循环播放棒球
比赛。棒球文化的大量融入，加以棒球装备作为点缀，

使得空间棒球文化性质浓郁。

设计师在设计上还考虑了一点，就是该品牌毕竟是一个尝试性质的业态，并且主要的经营时间段为晚上，那么白天相对来说就比较空闲。设计师希望让餐吧在白天也能有创收，于是做了充分的市场分析：喜欢棒球的群体中还有一类就是未来可能会出国的孩子们，其父母为了更好地让他们融入到国外的生活中，会提前让他们接触棒球、冰球、橄榄球这些在国外比较热门的体育项目，因此设计师将白天的盈利点放在了儿童棒球培训上。但是"酒吧"和"儿童"似乎是两个完全没有联系的词语，于是在设计上，设计师使用了两套灯光系统，白天营造一种很酷的年轻化的运动场所的感觉，不会让家长觉得这

里是一个酒吧，会放心将孩子送到这里来挥杆学习棒球；到了夜晚，店里风格一变，换成另一套灯光系统，这里就是霓虹闪耀的酒吧夜店。设计师通过分析受众，再开始设计，让店面实现了双向盈利，为品牌的生存和发展奠定了良好基础，也让品牌成为年轻人和棒球爱好者们的天堂。

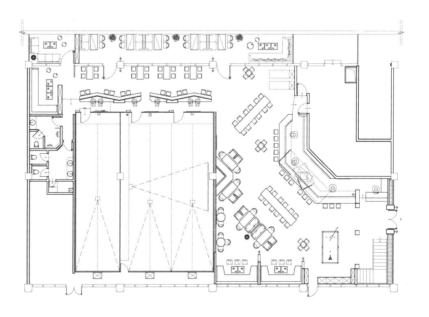

条顿骑士

▓▓ 古鲁奇建筑咨询有限公司

◎ **坐落地点** 中国北京市三里屯 Soho
⌂ **项目面积** 250 平方米
◷ **竣工年份** 2016
◉ **摄影师** 孙翔宇

整个餐厅仿佛就是一个大盒子，白天营业时全部开启，夜晚停业后又全部闭合。即使从门口路过，也很难不被一个圆形吊链大烤盘所吸引，里面是各式各样、滋滋作响、香气诱人的德国烤肠，让人不禁想进来一探究竟。

一进入餐厅，很多开启或闭合的木质方形小窗即刻映入眼帘，这些竖直和倾斜的线条形式其实来源于欧洲传统的建筑形式——半木构造建筑，通常由两大部分构成，一楼多采用砖石构造，二楼以上则完全采用木构造。其特色主要突显在二楼以上的木构造，柱梁系统会外露或者转变为木造线条作为立面装饰。

这种建筑形式在西欧很常见，所以设计师将其应用在了

餐厅中,但并不只是完全的图案复制,而是对其赋予了新的功能——窗子和柜子。与商场连接的两面墙均采用了该种形式的窗子,它可以选择性开启,以决定开放程度。另外,餐厅内部的座椅上和柜台上全部都是方形的隐形柜子,可像窗子一样随意开启,却看不到内部储藏的物品。这种设计既巧妙地利用上层空间解决了餐厅的储藏问题,又增加了空间的趣味性。整个餐厅仿佛就是一个大盒子,白天营业时全部开启,夜晚停业后又全部闭合。

从空间布局上看,餐厅是一个三面敞开的半开放式空间。即使餐厅主体位于商场内部,设计师仍将商场看成室外空间,分别将两面墙打通,使客人与外部形成最大接触,也使商场里的访客对餐厅内部状况一览无余。窗边摆满就餐座位,使客人放佛置身于欧洲街头,看着人来人往,惬意地品尝美食,享受宝贵的用餐时间。

木质结构下方和地面采用水磨石材质来突出欧洲风格的特色,而局部的内外墙面则选用了铁板与铆钉相结合的样式,呼应餐厅名称——骑士风格。餐厅的框架和半木结构线条全部采用蓝绿色,使餐厅更加年轻与活泼!

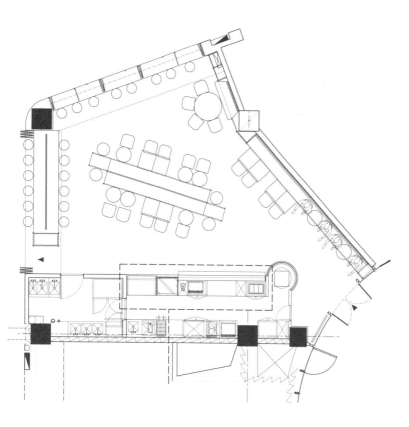

好色派沙拉

▦ 深圳市珍意美堂空间设计有限公司

◎ **坐落地点** 中国深圳市壹方城购物中心
⌂ **项目面积** 95 平方米
⌄ **竣工年份** 2017
◙ **摄 影 师** 黄庆龙

混合一切美好事物是好色派沙拉的品牌理念，把一切美好的事物混合在一起，让每一位品尝的食客都能感受到好色派沙拉美妙的味道。

该项目位于深圳市壹方城购物中心，整个餐厅明亮、自在开放，采取开放式的布局。这里提供健康绿色的沙拉产品和个性又不失舒适的就餐环境，在这里享用沙拉更像是人们在现代都市生活中身心疲惫之下一种释然的状态，一种回归本真的轻盈和舒适，诠释了一种新的生活态度，一种轻松、随意的生活方式，符合当下在繁忙都市中年轻一代的个性追求，备受年轻人的欢迎。

轻松安静的休憩不仅仅为了平衡城市生活的繁重和浮躁，

更是整个生活真实存在的一部分。基于这样的设计理念，空间上采用无门楣设计，折扇式玻璃窗让整体空间内外通透；让餐厅倍显宽敞明亮、清新、惬意；让食客可以停下脚步，在这里度过悠闲的就餐时光。空间里纯粹干净的天花板，自然清新的水磨石地面，再搭配点缀的绿植，赋予整体空间一种悠闲自在的氛围。软装设计没有添加过多的装饰元素，选用个性创意的灯具和橘色的沙发来点缀空间，以天然的绿植和新鲜的水果来展现餐厅的主题，以尽可能简单的方式展现材质本身的质感，回归材质本身，凸显用材的精致和环境的自然健康。

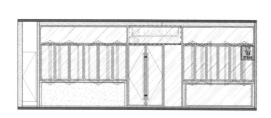

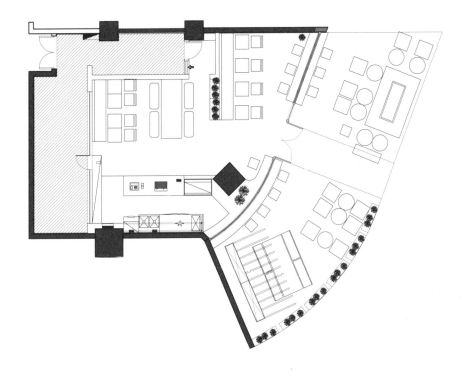

B1-022

Grain Bowl	谷物碗
Entrée Salad	主食沙拉
Warm Soup	热汤
Fresh Juice	鲜榨蔬果汁
Sandwich	三明治
Coffee	咖啡

SEXY LIFE SALAD
混合一切美好事物

ECUADOR WHITE SHRIMP

BROCCOLI

MANGO

SOUS-VIDE BEEF

面食餐厅

WHEATEN FOOD RESTAURANTS

喜鼎·饺子中式餐厅

船歌鱼水饺

线行间

正斗粥面专家

玛尚诺

设计师专访

喜鼎·饺子中式餐厅

■■ 设计师 / 刘恺

问：请问餐厅设计是怎样与场地选址相结合的？

答：选址分几种，一个是在大的范围中，比如在城市里选址和在商场里选址，策略是不一样的，但归根结底还是通过餐厅的定位连接背后的人群。餐厅之间的需求导向是不一样的，有些餐厅是社交需求，有的是体验性需求，有的是为了解决吃饭的问题。

问：餐厅设计中的功能布置是怎样的？

答：餐饮是件很专业的事情，所以要基于本身业态，并要在运营层面探讨整个餐厅的动线。动线包括送餐动线、配餐动线、后厨动线等，这些是基本的骨架，也关系着整个餐厅能否正常运转。吃饭本身是件需要坐下来好好体验的事情，体验有时候可能跟形式有关，但很大程度上跟就餐环境有关。这个环境不只包括形式，还包括上菜的时间，而这些都跟整个餐厅的功能布置有关系，所以我们要设计合理的工作分区。

问：餐厅的主题定位是什么？

答：这要结合餐厅的食材来理解，RIGI 关注的还是从食材本身去挖掘形式感和仪式感，有情感连接，也有文化

> "我们从饺子传统的制作用具、盛具、工艺、色彩中提炼出一些元素，以一种含蓄的手法呈现出饺子的历史积淀和文化内涵，同时也是对"喜鼎"东方传统精神的现代化诠释。"

连接。"吃"本身就是种文化的体现，有句话说"每个人的思乡情怀都是吃"。比如喜鼎，我们运用喷砂工艺将饺子和餐具的墙面装饰模型做出了面粉铺撒的感觉，呼应出一家人一起包饺子的最为动人的过程。

问：餐厅如何营造氛围？

答：氛围营造跟主题定位是相关的，我们可以思考一下，是要做个吃饭的地方，还是做一个地方可以吃饭？这是两件不同的事情。要做个吃饭就餐的地方的话，环境本身是用来烘托氛围的。而做个地方能吃饭，可能就是形式要大于本身了。毫无疑问，我们更倾向于第一种、所有装饰层面的事情都是为了就餐。

问：餐饮品牌如何外化表现？

答：这个不是孤立表现的，一个成功的品牌，它本身的形式、品牌的搭建不能脱离食材和就餐。我们倾向于从食材本身、餐饮本身去找到元素来体现品牌。在喜鼎项目中，我们从饺子传统的制作用具、盛具、工艺、色彩中提炼出一些元素，以一种含蓄的手法呈现出饺子的历史积淀和文化内涵，同时也是对"喜鼎"东方传统精神的现代化诠释。

问：餐厅软装配置是怎样设计的？

答：软装本身，其实未必是个必要的东西。我们应注意软装理论上是什么，如果是个画蛇添足的东西，那一定不需要的。所以对 RIGI 来说软装是件精确可控的事情。软装不限于所谓摆东西，因为过多的摆件会干扰空间的氛围，造成空间的不平衡。

问：餐厅的 VI 设计是如何完成的？

答：VI 设计最大层面的作用是应用，而不是一个简单的形象。餐厅的 VI 更大程度上是看到的、用到的、踩到的；比如招牌可能只看一次，但是从桌子上，餐具本身和桌垫，视觉在这些地方的作用比别的都大。因为人们吃饭时有一多半时间可能都在看桌子。

问：怎样通过设计来聚拢人气？

答：人们喜欢尝试新的事物，所谓消费升级是存在的。餐饮这个行业决定了餐厅拥有强体验的性质，必须就餐才能完成体验。所以设计在其中，一方面是入口，通过一个设计表达很多事情，通过设计吸引人群，但更重要的是连接餐饮本身的食材和模式，包括品牌，构成一个一致体，而不是一种一次性体验。所以不是所有设计都是靠吸引眼球来完成的。

喜鼎·饺子中式餐厅

:: RIGI 睿集设计

◎ **坐落地点** 中国大连市柏威年购物中心
⌂ **项目面积** 200 平方米
◎ **竣工年份** 2015
◎ **摄影师** 刘子民

本案是国内连锁水饺品牌旗下的高端餐饮品牌——喜鼎·饺子全国首家旗舰店。业主委托 RIGI 睿集设计，旨在打破现有连锁品牌固有的快餐化大众品牌印记，创造与众不同的体验式餐饮休闲空间。

该店铺整体门头较宽广，为设计师提供了较为理想的设计环境。在门头设计上，RIGI 采用大面积水泥质感的灰色浮雕墙面，墙面的浮雕花纹根据藤编图案 1:1 开模制作而成。饺子是一种古老传统的食物，而浮雕藤编图案则有一种化石感，从而加深了时间的印记，并与饺子产生了一种隐喻的呼应。RIGI 运用金属雕刻的传统几何图案格栅，与入口处的开放式厨房明档和白色大理石台面相呼应，体现其新鲜、手作、朴素的品牌精髓。

内部空间风格作为门头整体简洁、大气风格的延续，为通透整体的一个空间。中央为卡座区域，RIGI 使用传统几何纹样的天花格栅镂空造型，在空间上进行了视觉化的分区。配合错落有致的吊灯与圆弧倒角的吊顶，旨在增添空间的趣味性与增强区域的可读性。传统书法的"喜鼎"LOGO 与饺子和餐具的立体墙面装饰，均为设计师的匠心所在，加上藤编材质的柜体贴面与手作藤编框的布置，更增添了一种朴实的味道。

餐厅的风格布局以舒适为导向，针对以小型聚会为诉求的消费者定位，餐厅灯具设计也以点光重点照明为主，整体风格雅致、简约而清幽私密，为消费者打造一个错落有致、更具层次感的体验空间。餐厅同时设置了风格鲜明的海洋元素的客座区域，为该店铺的主打产品——海鲜水饺提供了遥相呼应的点睛之笔。

RIGI 通过传统古朴的藤编元素的运用，用心的材料搭配和现代化的工艺，打造了一个细腻、精致而质朴的空间，同时也是对"喜鼎"东方传统精神的现代化诠释。此项目不仅是该品牌终端风格的新尝试，也是其品牌终端形象的一次大胆地探索和突破，种种体验使其变得直接而与众不同。

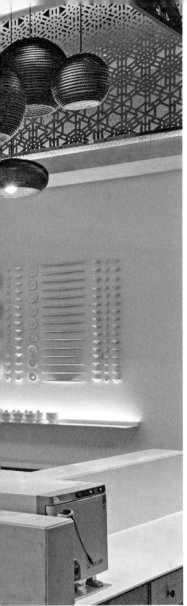

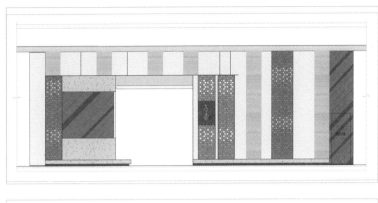

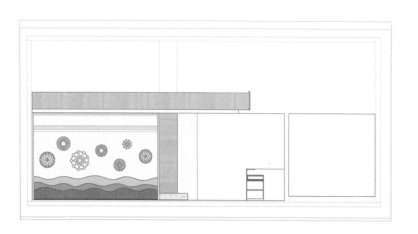

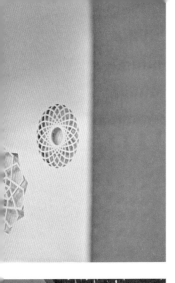

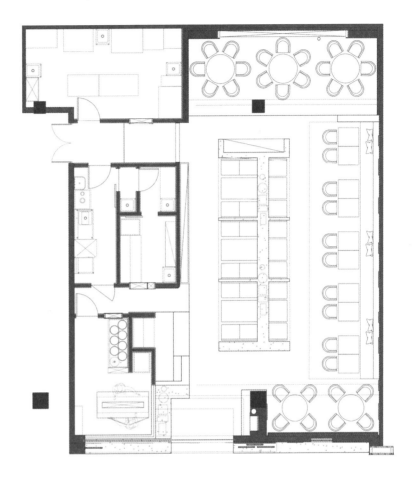

船歌鱼水饺

:: 深圳市华空间设计顾问有限公司

📍 **坐落地点** 中国山东省淄博市万象汇
🏠 **项目面积** 408 平方米
🕐 **竣工年份** 2015
📷 **摄　　影** 陈兵工作室

船歌是中国第一家专注于海鲜水饺经营的品牌餐饮企业，而本案位于美丽的海滨城市淄博，餐厅面积有 408 平方米，是该品牌形象升级的第一个店面，设计师在保留独特的渔家文化的同时创造与众不同的体验式餐饮休闲空间，突破以往的视觉冲击。

鱼饺子起源于胶东半岛沿海一带，历史悠久，以各类海鲜为原料，具有浓郁的渔家风味特色，是渔家饮食文化的代表性美食。船歌以正宗鱼水饺的味道，获得了大众的喜爱。船歌不仅想在口味上赢得客户的喜爱，还想通过店面升级改造，给食客创造更加优质舒适的就餐环境——边品尝着美味新鲜的食物，一边感受着传统渔家文化。

设计师为了能将传统的渔家文化引入空间设计，大量使用原色木材作为主材料，让人倍感亲切自然。在步入餐区后，就餐者能感受到设计师的用心之处：利用麻绳和钢铁架的组合形式做成一个个镂空的小隔断，既不会影响视觉效果，又能让大家在一个安静不被打扰的环境下享受属于自己的美食之旅。

每一个细微之处都将渔家文化发挥得淋漓尽致，渔船上散落于四处的麻绳、丰收时的鱼篓、精致的木鱼雕、五彩缤纷的黑板手绘墙，设计师运用现代设计语言进行提取抽象组合，以崭新的风格展示出来，以鱼篓为原型的卡座是本案的点睛之笔。就餐者能在此环境下吃上一碗鲜美的鱼水饺，乃是人生一大乐事。

设计师们以渔家生活中的文化与运用材料的搭配，实现了渔家传统文化的现代诠释，也将原生态的渔家生活原汁原味地带到了食客的眼前，使食客不仅能吃得到，还能体验得到，让船歌变得更加与众不同，成为一个令人流连忘返的地方，同时把深厚的传统渔歌文化一直传递下去，这也是船歌企业的品牌文化之一。

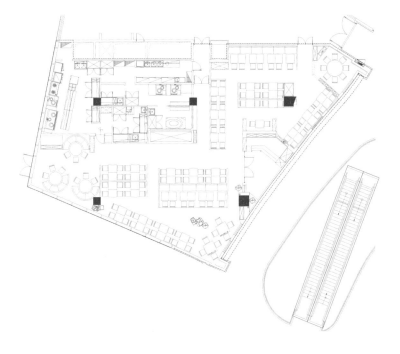

线行间

▪▪ LUKSTUDIO 芝作室

◉ **坐落地点** 中国上海市徐汇区日月光中心广场
⌂ **项目面积** 152 平方米
▽ **竣工年份** 2017
▣ **摄 影 师** Dirk Weiblen

本案位于日月光中心内约 150 平方米的转角处。芝作室以轻盈的手法来表现"晾面架"这一主题概念——设计团队试图让整个就餐空间对外开放，通过白色晾面架搭建的半透明空间让就餐氛围得以漫延。

餐厅内侧以干净的弧型木色体块消化掉所有必要的服务区，并成为白色框架的背景，使其脱颖而出。木体块与白色框架，通过材质和形态的对比，产生出虚与实、动与静的冲击；同时白色框架中的木餐桌、层架与木体块产生呼应，使空间既能刺激食客的感官体验，又不失舒适和温暖。精细而牢固的格栅由 8 毫米 x 8 毫米的钢条组成，一方面在餐厅里整合了隔墙、吊顶、座位、餐桌、展柜等不同功能，同时模糊了食客和路人之间的界限。

沿着店面走过，等位的客户能通透地看穿线行间的每个角落，想象自己位于不同位置时所能欣赏到的风景。无形缥缈的"隔断"塑造出丰富的空间体验，能够迎合不同喜好的食客：不论是享受独自进餐的安静、与朋友欢聚的热切，还是与陌生人相遇的惊喜，每个人都能够在这里找到适合自己的空间。顶上悬挂着"面条"形态的挂钢丝绳进一步丰富了用餐体验，更与以往的"晾面架"概念店形成呼应。

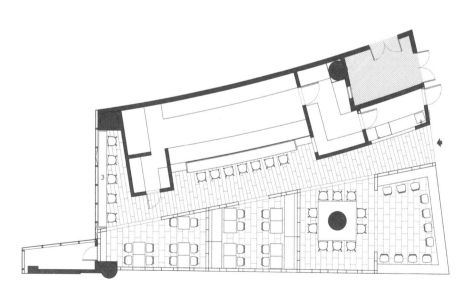

正斗粥面专家

▓▓ Bean Buro 设计事务所

◎ **坐落地点** 中国四川省成都市太古里
⌂ **项目面积** 743 平方米
◔ **竣工年份** 2015
◉ **摄　　影** Bean Buro 设计事务所

占地 743 平方米的正斗粥面专家旗舰餐厅位于成都市太古地产大慈寺远洋太古里，该项目的设计概念是将历史悠久的街边小吃打造成当代国际品牌，以此庆祝餐厅品牌创立 70 年。新餐厅所在的城市——成都，是东西古今之间的文化交会点。

这家餐厅的设计深受当地环境的影响，四川古文化背景下的成都个性恬淡闲适。在成都，人们享受现代在外用餐，坐在那里静静欣赏眼前的人间美景的生活方式。

设计的挑战是要创造一种能够满足各种顾客需求的理想体验。设计应该在既不令人紧张不安也不具攻击性的前提下吸引和打动高端顾客，还要通过巧妙的审美方式来

照顾当地国内顾客以及国际游客的感受。设计应当通过由建筑几何结构所创建的对单倍高度、双倍高度、平整和倾斜的三维尺寸的大量混合建立起全方位的客户体验。

解决方案是打造一种高雅的设计，没有奢华矫饰之感，只是打造几处显著的设计特点使餐厅环境更加惬意舒适。

顾客可以从街上清楚地看到餐厅的背光铜网后墙，这一设计凸显了开放式厨房，在那里，专业厨师将展示他们的制面技术。

餐厅设计的主要特色是进入餐厅时便可看到的 4.8 米长的大理石桌摆设，大理石桌位于双倍高度空间的中央，

给人留下了深刻的印象。其设计灵感来源于中国传统园林山石艺术，桌子曲线充满趣味，似乎在空间中自然漂浮，可供 18 个人共享，用来进行多种类型的活动。

设计团队用由长直金属丝围绕的半多孔楼梯来阐释馄饨面的视觉形式。板条提升了双倍高度空间的效果，并与斜屋顶完美地融合在一起。设计团队设计了可以从外部看到的戏剧性场景，并吸引顾客探访餐厅上层空间。

餐厅上层空间以斜屋顶和书架墙为特色，书架墙上摆放了很多文化产品，营造出一种舒适的阁楼用餐体验，顾客可以从这里的露台和窗户俯瞰到历史悠久的大慈寺。

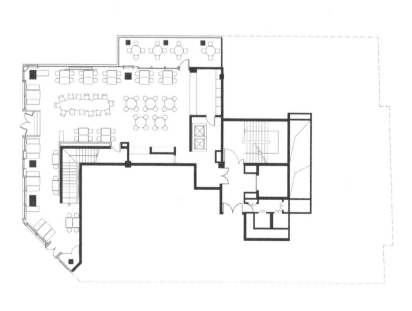

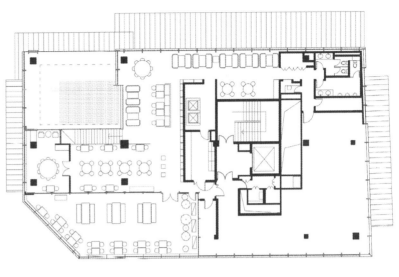

玛尚诺

::: 上海研趣品牌设计有限公司

- ⊚ **坐落地点** 中国深圳市光华广场
- ⌂ **项目面积** 250 平方米
- ⊙ **竣工年份** 2016
- ⊙ **摄 影 师** 衡晓奇

这是比萨品牌"玛尚诺"更名后在深圳市开的第一家门店，位于深圳市光华广场二楼中庭，原场地并不适宜做餐饮，只有局部有顶而且剩下的空间是一个挑空五层的空间，研趣设计团队必须思考怎样将不利的场地通过设计带给消费者一种很好的消费体验。

首先从动线上考虑，把厨房放在有顶的区域，因为厨房有一定的工程技术上的问题，必须要做一些空调机电的处理，大面积区域都在一个调控的空间里，优势在于有一个很漂亮的落地景观玻璃面。问题一：层高较高，给消费者不安全感。问题二：深圳这座城市夏天会比较热，没有空调很难留住消费者。

研趣设计在中庭创造一个构架，给空间一个围合，使顾客在此用餐不会觉得没有安全感，同时他们也考虑到了空调的问题，并对空调系统做出调整，通过创造了一个横梁把空调风送出，而这些帘子通过装饰成了灯具和艺术画面所依附的墙面，解决了整个空间中没有墙面很难做出餐厅氛围的缺陷。他们的构架设计借鉴了欧洲凉亭的做法，通过一些仿木结构的百叶窗，消费者有一种坐在户外平台的感觉，同时为了解决中庭可视性的问题，他们使用了印有品牌 Logo 的金属链子，当消费者乘坐电梯时就能清晰地看到 Logo。同时为了解决整个中庭的照明不足也通过构架设计了很多照明的灯具，这些灯具提供了很好的照明，使得餐区有了用餐的氛围。

餐区中间的曲线卡座设计，比较有趣味性，使整个空间不会显得平淡，不会让顾客感觉有快餐店的氛围，具有休闲餐厅的私密性和趣味性。在材料上选择一些原生态的材料搭配一些木纹水泥板和品牌色泽涂料，简单地将品牌调性突出。研趣设计通过一些颜色鲜艳的家具营造出意大利热情奔放的气氛，在潜移默化中展现了意大利的文化。研趣设计团队在这样的不利场地中通过设计使得品牌得到了很好的展示，并获得了不错的效果，也受到了品牌方的赞许。

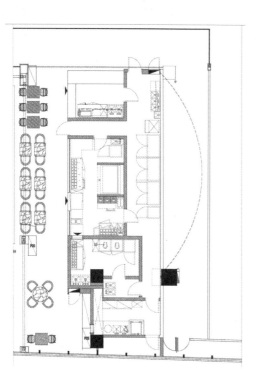

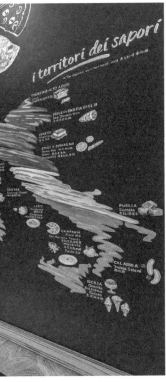

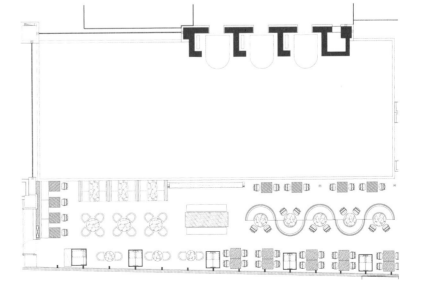

风味餐厅

FLAVOR RESTAURANTS

花悦庭

那时新疆

塔哈尔新疆餐厅

山海津

一品焖锅

德亲园·蓝调

西少爷肉夹馍

泰爷门

雁舍

唐潮码头

重庆秋叶日本料理

Nam 泰式厨房

Seroeni 娘惹菜馆

设计师专访

塔哈尔新疆餐厅

⚏ 设计团队 / 艾迪尔上海分公司

问：请问餐厅设计是怎样与场地选址相结合的？

答：这个项目我们选址是在上海虹桥，一个人流如织的
商业聚集地。独特的地理位置以及非常规的空间原貌赋
予了它极大的发挥空间，能够最大限度包容设计师的奇
思妙想。店面的外摆就餐位是无形中拉近人群和餐厅的
第一步。

问：餐厅设计中的功能布置是怎样的？

答：不管你是孑然一身还是三五成群，多种多样的就餐
区位都能让你在这里找到合适的地方。靠窗区域和吧台
区域让你尽可能地融入到热闹的氛围中来，半通透的餐
饮包间同时又给您难得的一份静谧与安逸。整个空间布
置里，动静分区结合得恰到好处。

问：怎样完成餐厅的流线设计？

答：辗转蜿蜒的餐厅动线设计，不仅能够吊足食客们的
胃口，还可以在层理切换之中撩拨人们的好奇心。空间
与空间之间的渗透，小景观的处处营造，让人在同一端
景中感受到不同的新鲜画面。所到之处，环环相扣，步
步皆景，无不彰显设计师的匠心独运，大大提升了"食"的

"人们来这里不再只是为了吃，更是为了在最日常的饮食体验中，感受味蕾与超现实场所的独特碰撞，擦出不一样的生活火花。"

趣味与深度。人们来这里不再只是为了吃，更是为了在最日常的饮食体验中，感受味蕾与超现实场所的独特碰撞，擦出不一样的生活火花。

问：餐厅主题定位是什么？

答：充满异域风情的新疆特色是我们这次的主题。一排铺着酒红色软垫的凳子靠墙而落，墙面上挂着几个内发光的硕大的特色装饰，突出了异域风情和色彩搭配。彩色的玻璃和局部的红砖墙面石膏板赋予了空间一丝质朴的气质，新的拱形天花板为用餐者打造了舒适的环境。

问：餐厅如何营造氛围？

答：营造气氛与餐厅的其他设计工作共同组成一个有机的整体，以反映餐厅的主题思想。气氛的主要作用在于影响消费者的心情。优良的餐厅气氛能给顾客一个好心情，使顾客留下深刻的印象，从而增加好感，同时，这也是占有目标市场的良好手段。

问：餐饮品牌如何外化表现？

答：一是找准定位，挖掘品牌文化内涵。这是塑造品牌形象的基础，应确定品牌在功能、表现性两方面的具体特征，并将信息传递给消费者。找准定位后就要全面挖掘此定位上的文化内涵，首先要注重建筑设计上的文化性。我们从新疆饮食的制作用具、盛具、工艺、色彩中提炼出一些元素，以一种含蓄的手法呈现出新疆饮食的历史积淀和文化内涵，同时也是对"塔哈尔"的异域风情的一种通俗化的诠释。

问：餐厅软装配置是怎样设计的？

答：把软装当做画龙点睛之笔而不是画蛇添足，这一点很重要。空间里为数不多的挂饰，都在担当着这样的角色。多，太过；少，不足。从入口到包间，一些新疆当地特有的纹饰贯穿了整个空间。

问：餐厅的 VI 设计是如何完成的？

答：餐饮 VI 设计是餐厅对内营造凝聚力、对外树立统一形象的一个途径。从菜单到餐具，从餐巾纸到外带盒。这些和其他餐厅都有所区别，成为塔哈尔餐厅的专属记忆点。

问：怎样通过设计来聚拢人气？

答：从餐厅行业来说，美味的食物是聚拢人气的根本，也是最重要的部分，其次就是环境、位置、服务等其他客观因素。在这些基础上再配合设计的灯光、造型、地理文化、人文情感等元素，在打造舒适环境的同时，注重食客对空间的体验感及心理感受。

花悦庭

:::: 古鲁奇建筑咨询有限公司

◎ **坐落地点** 中国上海市浦东新区东方路 796 号九六广场
⌂ **项目面积** 845 平方米
◯ **竣工年份** 2017
◉ **摄 影 师** 鲁鲁西

花晨月夕，悦人耳目，玉阶彤庭，就是用来形容"花悦庭"的。初见花悦庭，你一定会被这抹清新而纯粹的蓝色所吸引，甚至无法想象这是一家中餐厅。可谁又说中餐厅不能如此靓丽呢？花悦庭，是一个从食材到菜品，从设计到装潢，无时无刻不在演绎着全新"中国风"的餐厅。

与花悦庭的美食体验相比较，花悦庭的设计装潢更加强烈地流露出设计师的小心思。设计师将中国的符号元素以全新的形式展现出来，这就是传统元素与现代手法相融合、相碰撞的结果。

扇形平面是个天然的对称图形，它很好地帮助设计师建

立了对位关系和隆重的仪式感。几乎对称的平面设计，并没有让这里的食客感受到空间所带来的单调和重复，多元化的座位形式让每一位客人都能看到设计师的良苦用心。正所谓每一个角度都有不一样的风景，花悦庭的空间体验让人仿佛置身于中国苏州园林，正如叶圣陶在《苏州园林》中写道："务必使游览者无论站在哪个点上，眼前总是一幅完美的图画。讲究花草树木的映衬，讲究近景远景的层次。"

设计师将外场600多平方米的空间进行了有层次的遮挡，形成了半通透的效果，这其中巧妙地运用了中国园林的窗洞，使景中有画，画中有景，两者相得益彰，形成良好的视觉中心点。传统园林符号通过全新的表达，诠释

着不一样的现代中国风。划分空间的隔断采用具有中国元素的镂空雕刻，隔断后的景色，若隐若现，若有若无。为了让传统的中国元素以现代的形式体现，设计师将水墨和晕染图案用在了压花玻璃上，同时又在卡座上选用了适量的经典英伦格子图案。花悦庭就这样，在传统与现代之间，在东方与西方之中，寻找到一个完美的平衡点。

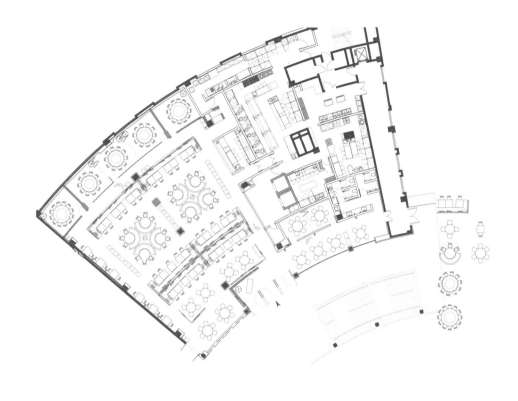

那时新疆

VHD DESIGN GROUP 维度华伍德

◎ **坐落地点** 中国上海市浦东新区高科东路阳光天地
⌂ **项目面积** 350 平方米
◎ **竣工年份** 2017
◎ **摄　　影** VHD DESIGN GROUP 维度华伍德

对于那些已消逝了的文明，人们总怀着一种期望，期待着从那里找到现世的以及未来生活的答案，或者满足一下历史想象力和浪漫气质。"往事越千年"，重温古代会唤起人心灵深处的东西。精绝古国，有官有民，有兵有将，俨然是丝绸之路上机构完整的要塞。但是到了 4 世纪，这个国家突然神秘地消失在历史的尘埃当中，千百年来，精绝古国掩埋在茫茫沙海中，它的辉煌和废弃一直是萦绕在人们心头的未解之谜。

设计师们的设计致力于将精绝古国的繁荣和风韵在设计中呈现出来，色彩上大胆地采用了饱和度较低的颜色，即便是红色也是比较暗的，因为经过多年风沙洗礼的精绝古国，一切都应该是褪色的状态，走进店内一切都带

着古时的韵味。灯饰的选择上用了镂刻的方式呈现，极具新疆当地风情，沙漠植物的加入让整个空间显得更加饱满。在保证餐饮空间功能完整性的同时也最大程度地利用了空间的每一处角落——室内搭建特色的毡子棚，极具巧思，带每一位客人走进那时的新疆，体验精绝古国的韵味。

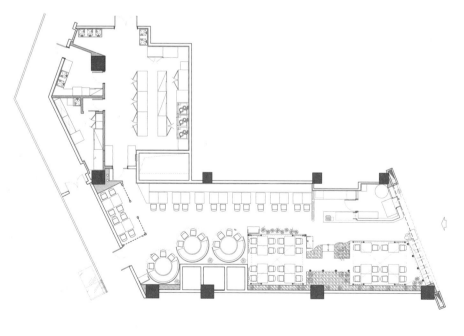

塔哈尔新疆餐厅

::: 北京艾迪尔建筑装饰工程股份有限公司

◎ **坐落地点** 中国上海市虹桥天街
⌂ **项目面积** 450 平方米
◔ **竣工年份** 2016
◉ **摄　　影** 石　伟

塔哈尔的"新疆丝绸之路"来到了上海市虹桥天街——交通枢纽中转之地，设计师认为虹桥天街店是作为上海市对外的窗口的，它应该是热情独特的，并能散发出上海的小资气质，这也是本案的设计出发点。

维吾尔族建筑空间宽敞，格局错落，灵活多变，维族民居的颜色都比较艳丽，维族居民的庭院里，一户一角落，几乎每户人家门口都有几盆艳丽的植物。因此，设计师将餐厅入口的就餐区半敞开，以模糊内外的分界线，而一盆盆茂盛的植物则使食客感到清新和舒适。

设计师希望通过现代的手法重现绿洲城市和宁静的乡村——独具特色、形态各异的伊斯兰教风貌，以其奇妙

的造型和独特的装饰艺术，表现了维吾尔族对天地自然的崇拜。

天花板硬朗的铁艺；精致的拱形构造，层次丰富；热情独特的石榴红洒满了整个裸露的顶面，粗犷与细腻相交融。依靠在做旧红砖柱上的备餐柜也被专门设计过，铺上各色的餐具，为美味的新疆佳肴又增添了一份精致。

设计师讲究空间感、讲究细节，用一些其实并不高级的材料来反映设计的本身价值。比如在斑驳的水泥墙面上，配上有镜面或彩色的物件，雕刻少数民族的图案，简单却不失韵味。

近年来，中西合璧之风也影响着新疆，塔哈尔的新疆菜肴被提炼得越来越精致味美，伴随热情的歌舞，加上亲切热情的服务，为慕名而来的食客勾勒出一幅片片绿洲之上繁华城市的生活画卷。

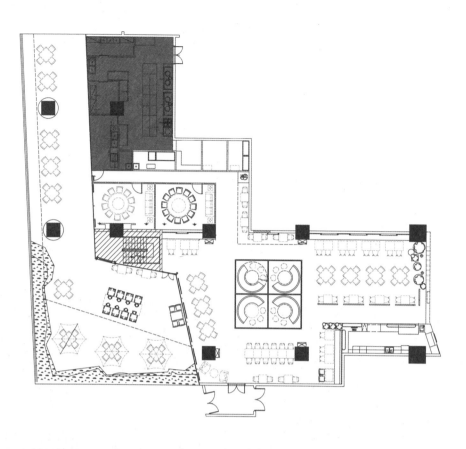

山海津

▪▪ 埂上设计事务所

◎ **坐落地点** 中国广东省东莞市万科城市广场
⌂ **项目面积** 400 平方米
◡ **竣工年份** 2016
◉ **摄 影 师** 黄缅贵

当城市空间变得越来越"均质"，主流的"文化回归"呼之欲出。山海津以古法焖锅为核心，很传统也很有文化感。设计师选择在具有实验性的"市井空间"与餐饮的"古法"文化上达到一种契合，呈现一种"市井色彩"下的回忆美学。

闲适安逸的"回忆美学"带有文学的色彩，城市的形态。老算盘构建成的传统肌理，自然而生形成具有丰富文化的"市井空间"。每一个大小不一，形状各异的洞口，都能看到截然不同的场景，让每个观赏者在空间与时光中各自抒情。生活并不是如出一辙的严肃，红砖也不仅是填充材料，它还有自己的个性。旧材料与现代生活的碰撞，带来的亲近性和随意性，创造了公共记

忆下的，具有文脉精神的都市生活。不同空间下的材
质交错与穿插，是属于当今城市的包容。屏风将空间
区域进行划分，并在造型上集合了民间元素，使其在
质地上与钢架结构形成刚柔对比的特殊效果，整个空
间集合了生活的素朴质感与信手拈来的生活趣味。

倘若要给市井加个定语，那就是"悠闲"。市井空间不
是居高和寡，而是渗透进生活的世俗品味，演绎着凡
庸小民的人生态度及价值情感。艺术是五感六觉的创
造物，融于世俗，高于生活。与市井空间看起来是矛
盾的情景，这些矛盾正是城市生活本真的状态。做旧
如旧，做旧不旧，保留了建筑饱经岁月雕琢的结构，保
留混凝土原本的质感，直接呈现建筑材料真实的面貌。

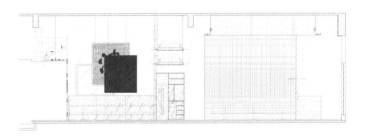

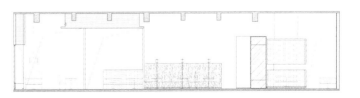

一品焖锅

:: 深圳市珍意美堂空间设计有限公司

◎ **坐落地点** 中国江苏省南京市秦淮区茂业天地
⌂ **项目面积** 200 平方米
◎ **竣工年份** 2016
◎ **摄 影 师** 陈兵

一品焖锅是汉拿山集团旗下的主打品牌之一，该项目位于南京市秦淮区茂业天地，以打造欢乐厨房为主题，设计注重对趣味、休闲氛围的营造，店面整体以橙色为主色，橙色作为暖色系中的中间色，热情、活跃而温馨。半敞开式的门头设计时尚、年轻、有活力，橙白颜色相间的花砖和橙色吊灯相呼应，与餐厅内部空间的铁架设计，共同营造出空间的通透感，让整体空间灵动而富有乐感，既保障了空间的私密性，也建立了整体空间在视觉上的联系，使食客在门外就能感受到餐厅里面的用餐氛围。

餐厅内中央区域，灯具上搭配别致的伞灯，地面采用颇具质感的花砖，在空间上进行了视觉化的分区，也增添

了空间的趣味性。家具选用质感强的浅蓝色沙发和黄白相间的椅子，在趣味伞状灯的照耀下，别具特色。随处可见的厨具、调料罐、餐具等摆件也纷纷"出镜"，在暖黄灯光的照耀下，情景感十足，具有轻快的生活气息，使整体空间更亲切、更阳光、更温馨。

餐厅外形呈盒子状，设计师为增加外观的吸引力，随意的一个角落，都体现出其设计的用心，而且每处设计搭配都让人感到舒适、惬意。

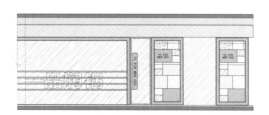

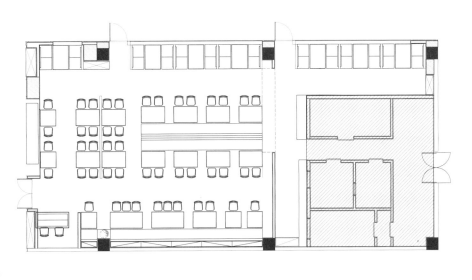

德亲园·蓝调

▚▚ 无中生有工作室

◎ **坐落地点** 中国浙江省宁波市博地影秀城
⌂ **项目面积** 125 平方米
◌ **竣工年份** 2017
& **设 计 师** 王凯利
◉ **摄 影 师** 朴 言

朱元璋建都南京后，明宫御厨便取用南京肥厚多肉的湖鸭制作菜肴。为了增加鸭子的风味，厨师采用炭火烘烤，成菜后的鸭子酥香，肥而不腻，受到人们称赞，即被宫廷取名为"烤鸭"。"鸭王届"的头号品牌，此称号在宁波非德亲园莫属。北仑店开在新大路上和博地影秀城内，天一店开在天一广场 7 号门附近。因为回头客很多，在店里经常能看到熟悉的面孔，这儿的食客三天两头来吃鸭，就因为吃鸭子只认"德亲园"。

无中生有工作室刚接到这个项目时，第一思考方向就是试图打破人们对烤鸭就餐空间的传统印象，并运用当下主流元素与材料，把中华传统文化和时下潮流元素做了一次结合。摒弃了满屋子都是木质材料的就餐风格，取

而代之的是金属与石材的质感，结合灵动的线条吊顶，搭配孤品油画与可调色灯光，烘托出蓝调餐厅的主题。

外观元素取自上海老外滩的百乐门，取材改为水泥板打底，金色木质线条造型，精致且不繁琐；"方窗属于世界，圆窗唯有中华"，圆窗是德亲园的标志性造型，每一家分店都会在门头位设置圆窗造型。

将厨房开放出来，从空间上与就餐区合二为一，就餐者可以坐在沙发椅上休息，摇晃着大理石桌面上的鸡尾酒，观赏着大厨在厨房烹调，静待烤鸭上桌，别有一番滋味。

流线型天花吊顶的思路来源于毛笔落在纸面后，幽幽泛开的墨汁，唯美动人；两旁的镜面从视觉上延伸空间感；空间内的可调灯光与内藏背景中的幕布配合着不同的应用场景而变动，可有私人酒会模式，可有庆生派对模式，亦可有家庭聚会模式，空间因人而动。九鱼图是具有吉祥如意蕴意的国画，故特意将九条鲤鱼雕塑放置门厅圆窗内，既如一扇窗，又如一口湖——人的视角决定了造型的含义，空间随人而动。

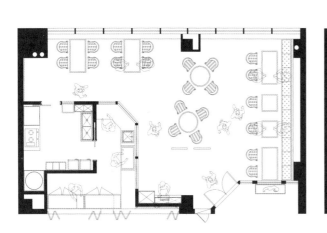

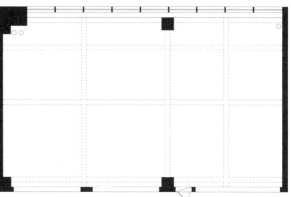

西少爷肉夹馍

:: 古鲁奇建筑咨询有限公司

- ⊙ **坐落地点** 中国北京市东三环中路 5 号财富中心
- ⌂ **项目面积** 50 平方米
- ⌄ **竣工年份** 2017
- ◎ **摄 影 师** 鲁鲁西

北京西少爷是一家相当受欢迎的肉夹馍品牌，本项目场地的条件前所未有，37 平方米的用餐区域中矗立了两根占地 4 平方米的大圆柱，使得空间更显紧张与狭小。经过思考，原本"碍事"的柱子摇身一变成为座椅区。该构思来源于公园中的公共座椅，柱子象征参天大树，长长的公共座椅依树缠绕，成为用餐的桌子，人们围绕着"大树"乘凉就餐，而脱离柱子的部分又降低了长椅高度使其重新成为椅子。这样一来，蜿蜒环绕的长椅一气呵成，成为空间内的主要造型。

空间内原本的天花板高低落差很大，管道最低处只有两米，于是设计师采用了脚手架的形式，使得空旷的顶部空间丰富起来，同时也与原本的管道相结合，使其成为

一体，表现出施工现场的层次感。设计师不仅在天花板造型上采用了脚手架的形式，立面上也用脚手架代替了墙体的存在，增加了空间的通透性。

一边是公园的休闲与放松感，另一边是施工工地的繁忙与紧迫感。两种节奏一快一慢，一动一静，正好烘托出点餐区与用餐区的不同氛围。脚手架的应用也显示了肉夹馍本身作为街边小吃的形象与地位——大众与低价。但令人惊喜的是，西少爷如今已经将肉夹馍卖到了北京第二高楼里，颇有一种屌丝逆袭的味道！

该项目仅用了一组橡木的桌椅便完成了整个餐厅的设计，大红色的脚手架以及纯白色的墙面和地面使整个店

面给人一种简单利落的感觉。在餐厅用餐区隐藏柱子后可以看得更清楚，长长的公共座椅依树缠绕，高的成为用餐的桌子，矮的成为座椅。

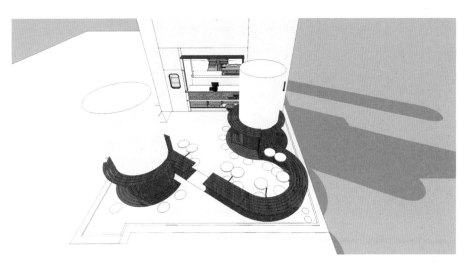

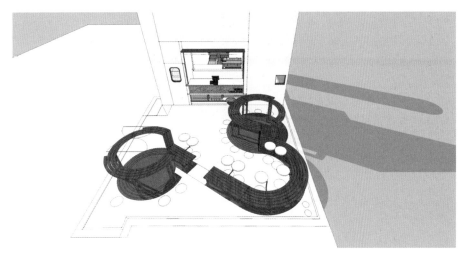

泰爷门

▓▓ 深圳市华空间设计顾问有限公司

◎ **坐落地点** 中国广东省广州市花都区汇通广场
⌂ **项目面积** 234 平方米
◷ **竣工年份** 2018
◉ **摄　　影** 陈兵工作室

在消费升级的浪潮中一个年轻人的时代已经到来，也正因此，餐饮迎来了它最好的时代，当然也是它遇到的最坏的时代。产品升级是餐饮品牌必须要去做的，而餐饮品牌的空间设计确实是迫在眉睫需要去改造的一件事。

这次泰爷门的设计在空间中加入了一些更加具有年代感的元素：冲孔钢板的隔断、松树栽于石块之下、陶瓶插有枯枝，恬适简约而又不失刚毅，让空间富有艺术的意韵。从装饰看，你会觉得这是一家偏中式的书吧。其实这里是一家当今白领追求的时尚而又不缺乏艺术感的川菜馆。

这次的泰爷门并没有嵌入丰富的设计元素到其中，纯粹是通过品牌的理念以及顾客的感受来做设计，让品牌显得更

有层次感和参与感，暖色系的唐古拉白座椅是那红与黑碰撞出的火花，黑与红的隔断并入，形成的是视觉上强烈的冲击。

这种与以前形成差异化的设计，反映的是餐饮本质的诉求，泰爷门想在这一方泥塘中挣脱出来。因为对于一线城市的消费者来说，每天超负荷的工作状态，大量信息的接收，很多平易化视觉感已经麻木了。但是同时他们接受新鲜事物的能力也变得更强，这就给我们的品牌很大的施展空间。

通过不断研究的新菜品，打造正宗的新川菜品牌，全新的店铺设计：艺术的空间气息、简洁的空间构造、厚重的空间氛围，给消费者带来的感官冲击力，显然是空前而不绝后的。

产品的营销与内涵很重要，产品的价值也不可或缺，设计师们要打造的是一个消费体验和消费参与共存的休闲场所。

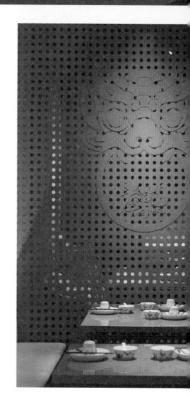

雁 舍

::: 古鲁奇建筑咨询有限公司

◎ **坐落地点** 中国北京市 APM 购物中心
⌂ **项目面积** 280 平方米
◷ **竣工年份** 2018
◉ **摄 影 师** 鲁鲁西

雁舍——顾名思义：大雁的家，一语双关，也暗指人们栖息生活的场所。大雁归巢，游子回家。大雁归巢是雁之本能，游子回家是人之本性，这就是"雁舍"名字的由来。也许您并不了解雁舍，但只要您来到这里就一定能感受到她的温暖，她的真诚。在设计之初，设计师们就为雁舍确定了清晰的风格定位。

作为传统湘菜，雁舍怎么能从厚重的文化中"摆脱"出来？也许摆脱这个词用得并不恰当，但确实有很多传统的东西深陷文化的泥潭而不能自拔。湘菜也同样面临着这个问题，怎样把雁舍的湘菜发扬光大？那就只有创新，环境设计也是皆同一理，雁舍想要在环境上有所突破，那就要摆脱符号化的设计。

用空间来表达文化，用空间来改变人的生活方式，这才是设计，这才是设计师们要解决的问题。本案的平面是一个矩形场地。完美的场地并没有给设计师带来设计灵感，越没有矛盾的空间就越难找到设计的切入点。房子和树是雁舍的视觉语言，即使找不到设计突破口，设计师们也不能用粗暴的视觉手法来解决问题，他们希望能用空间来表达更深远的意义。

中国人自古以来就内敛温和，从秦朝以来，我们不断地建设万里长城来防御异族的入侵，但无论是万里长城，还是故宫紫禁城，乃至四合院，空间上都是一种围合的内向型空间（当然四合院有防风沙的作用）。雁舍的场地结合功能正好符合四合院的空间特点。吧台的设计代表倒座房，后面的三组圆卡座代表正房，左边的两组长卡座代表着西厢房，右边的厨房和两个包间代表着东厢房。很多事情都是可遇而不可求的，但雁舍的空间设计就偏偏遇上老北京四合院，那么院子中间的几棵树便成了空间的点睛之笔。

鸟巢的设计是后加上去的，现在想来有些多余，很多的事情需要点到为止，如果能给人更多想象的空间岂不更为美好？当您来到雁舍的时候就会被她所融化，不是她提供的剁椒鱼头，也不是肉汤泡饭，只是因为她能够成为您心灵的栖息之地——雁舍。

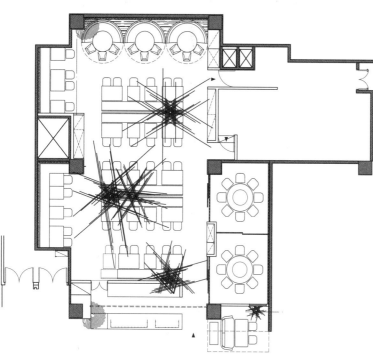

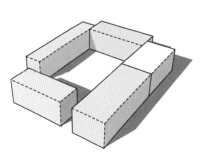

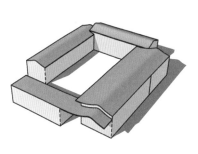
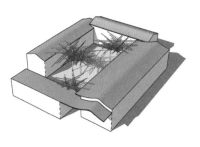

唐潮码头

▦ 唯尼设计

- ⊙ **坐落地点** 中国深圳市中洲 π mall 购物中心
- ⌂ **项目面积** 450 平方米
- ⊘ **竣工年份** 2016
- ▣ **摄 影 师** 欧阳云

潮汕人以精明、坚韧和专注的特质被誉称为"东方犹太人"，潮州菜也以精细、考究和中和的特色走俏神州及海外。唐潮码头的设计主题围绕潮汕文化，以中式现代混搭的手法为这一粤东族群的悠远传统注入当代新韵。

餐厅门头含而不露，寓意着金、木、水、火、土的五行山墙，仅一瞥即泛起潮汕人对家的记忆。代表着当地著名景点湘子桥的牛雕塑，用板凳搭建的陈列架以及摆放其上的土著小手工艺品，直叫人近乡情怯。

空间布局依循潮汕民居的"下山虎"和"四点金"概念，分为前厅、天井、后厅，并结合现有场景进行新旧融合。比如入口的大柱子，由一根根现切的木条于现场拼接而

成，营造出"大树底下好乘凉"的山野拾趣。

结合平面图不难看到，空间外围是以柱子为轴做的一个"回"，往里也是一个"回"，即"四点金"形式的延伸，类似潮式"三合院"。各个空间的划分，则强调若隐若现的穿插感而不再有传统建筑形式的密闭和束缚。

五行山墙建筑概念延伸至室内的立面墙体，呈现出庄重和大气的空间仪态，同时承担起串联整个空间的纽带作用。山墙以木板为材，根据造型需求，由现场木工和工厂定制共同完成，在比例与细节上精准把控、力求极致。

由上至下，挑檐、山墙和隔断的处理，均未照搬原本复杂繁琐的形式讲究，而是通过布局和阵列的形式，用简化的手法取其精髓，使新旧元素融合在一起。就连与当地古墙共生的苔藓和爬山虎也被裱在通透的玻璃瓶中呈阵列分布，吐露出简单纯粹的绿意。

有着旧纹路的隔断玻璃，与时尚动感的镜面穿插运用，提升了空间的扩充感而不觉拥挤；水泥做了细微处理，被覆上老木纹的倒模；地面砖的灵感来自潮汕民居的古老红砖并加入更多色彩；枝形艺术吊灯与复古钢管钨丝灯合力营造斑驳光影；现代中式椅结合设计概念进行二次优化。

唯尼设计留存岁月痕迹的再造功力悄然隐于这些空间细节之中，静待有心人的默契会意。而潮州人的族裔凝聚力与追本溯源的传统坚守，或为全球化中的文化存续与新生带来值得期待的未来。

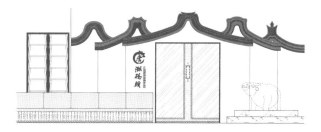

重庆秋叶日本料理

▦ 李益中空间设计

◎ **坐落地点** 中国重庆市南岸区南滨路东原 1891 时光道
⌂ **项目面积** 424 平方米
⌄ **竣工年份** 2016
◎ **摄 影 师** 井旭峰

本案位于拥有重庆外滩美誉的南滨路繁华地段，紧邻嘉陵江边，远眺长江和嘉陵江交汇的朝天门、解放碑，拥揽绝佳的地理位置与窗边江景。

餐厅的门头沿用了日式的禅风意境，当进入餐厅，人们会通过小廊道，并能感受其营造出的曲径通幽的感觉。经现场勘查，餐厅层高 4.8 米，站在二楼望去，能观赏到的江景画面并不是很多。而此次设计的核心就是做到如何激活室内的最佳视野，因此，设计师在落地窗外创造了一个夹层，将江景尽收眼底，成为整个案子的突破点。

餐厅吧台呈"C"字形，与吊顶环绕贯穿整体空间。设计师们采用具有年代感的老榆木板吊顶——来自于老建筑的

梁柱。他们在通道左侧设计了三间包房，其中两间可以合二为一，在中间设置一扇门，并设有换鞋区域。设计师抬高了包房，打造出空间的内空间，营造出小建筑的园林景观氛围，成为空间亮点。

在物料选择上，设计师们选用深灰色瓷砖和石材，门头采用内蒙古深灰色的斧凿石。在局部空间，他们运用米白色墙布和深灰色老榆木板，带出色彩的对比度，质朴与年代感油然而生。在陈设配色上，他们以高级灰作为主体空间的灵魂，加入伊夫·克莱因蓝，用一些灰绿作点缀，缓解了灰色空间的沉闷，创造典雅又富有禅意的日式空间，营造雅致而高级的独特韵味。再将之与经典黑白色、原木色搭配，给人以深思平和的视觉感受。在

灯光上，他们选用 10 度的光束角，使得光源柔和而不刺眼，阴影浓度高，深灰内敛的气质以及优雅感油然而生。整体打造出远离喧嚣、静谧雅致的艺术空间，为食客营造精致的商务用餐氛围。

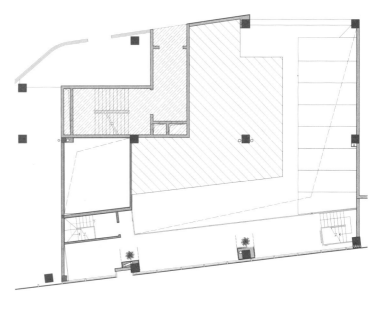

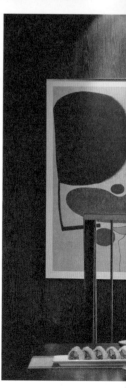

Nam 泰式厨房

▪▪ EINSTEIN & ASSOCIATES 事务所

- ◎ **坐落地点** 印度尼西亚雅加达 PIK Avenue 购物中心
- ⌂ **项目面积** 450 平方米
- ⌄ **竣工年份** 2016
- ◎ **摄影师** 威廉·卡伦格孔甘（William Kalengkongan），
  马里奥·维博沃（Mario Wibowo）

该项目的设计理念是对泰国传统住宅进行重新阐释，实现差异面之间的互补。这家餐厅的名为"Nam"，在泰语中有"水"的意思；餐厅标志为简单的兰花造型，在泰国，兰花象征永恒和奢华。餐厅设计围绕泰国元素展开：热带气候、环境、造型，以及象征着尊贵、权力和忠诚的紫色。该项目位于北雅加达的一家新购物中心内，这里设置了很多户外空间和窗户。该项目的设计灵感来源于购物中心宽敞的布局，餐厅布局开阔，好似一条门廊。

整个餐厅充当了泰国传统住宅新形象的门廊，光顾这里的人们可以欣赏窗外美景，领略热带风情，俯瞰花园景观。人们可以由餐厅前方或后方进入，周围的窗户给人以开放空间的错觉。餐厅内部摆放有各式休闲、现代的

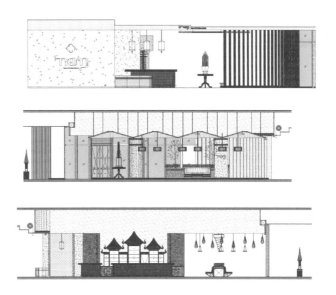

家具，桌边则以黄铜进行装饰。餐厅设计力求展现悠闲自在的门廊氛围，空间角落摆放了植物，以便建立起户外和融入巧妙细节设计（例如泰国传统住宅造型的定制户外照明设施、兰花图案的刺绣枕头和热带花卉）的泰式元素之间的联系。定制设计的泰式传统风格的壁画遍布整个餐厅，以故事的形式展现泰国传统社会和当下泰国公共社会的显著差异。尽管以门分隔出两个空间，但是室外区域并不是一个独立的区域，在视觉上仍与室内区域保持联系，好似门廊与门廊前方花园的关系。餐厅门窗仅作为结构开口使用，而木制传统泰式图案也使现有环境内的高大圆柱很好地融入空间布局。

项目设计用到了色彩丰富的铺装材料。泰式传统屋顶使用的紫色质感涂料彰显了门廊的典雅、宁静，陶瓦、水泥花砖、人字形图案玄武岩和回收木材等材料遍布餐厅各处，并以黄铜为点缀。色彩相互作用，吸引人们走进餐厅体验别样的用餐环境，转轴式隔墙和窗户也将用餐空间最大限度地展现给过路者。用餐空间为开放式，可以在日间获得充足的自然光线。

夜色降临之际，绚烂的灯光亮起，将会有更多的顾客走进这家餐厅。

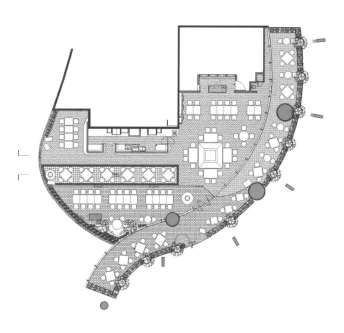

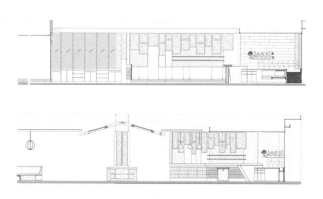

Seroeni 娘惹菜馆

▦ EINSTEIN & ASSOCIATES 事务所

◎ **坐落地点** 印度尼西亚雅加达利宝购物中心
⌂ **项目面积** 300 平方米
⊙ **竣工年份** 2015
◎ **摄 影 师** 马里奥·维博沃（MARIO WIBOWO）

这家菜馆的设计理念受到了中国文化和建筑元素的影响。设计师的灵感来源于一栋典型的土生华人宅邸，不论是餐厅的设计还是食物，均包含历史气息，还原当地味道。土生华人宅邸的典型布局包括前庭和内庭，内庭位于宅邸中部，房间围绕内庭而设，并面向内庭。

这家菜馆由五个主要空间组成：花园用餐区、主要用餐区、侧面用餐区、后方用餐区和接待区。餐厅布局对土生华人宅邸进行了重新解读。接待区和花园用餐区可以充当庭院使用，主要用餐区可以充当内庭使用，其他空间均分布在主要用餐区周围，布局结构与土生华人宅邸内庭周围的房间相似。Seroeni 娘惹菜馆的前端安装有深色的中国式花格窗户，与菜馆外立面的色彩形成对比，

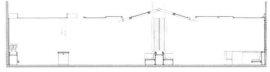

在这里，过路者可以看到菜馆后方色泽鲜艳的壁画。这并不是巧合，空间的布局设计充分利用了这里的独特造型，并借助给人以神秘感的气氛营造出一个充满风韵的用餐空间，以此激发过路者的好奇心，进而走进这家菜馆，感受不一样的用餐体验。

走进菜馆后，顾客需要穿过用钢板和黄铜打造的接待台。这时候，顾客是看不到菜馆内部景象的，因为接待区后面有一堵用混凝土和木板打造的坚实墙壁。只有当顾客进入花园用餐区后，空间的奥秘才逐渐展现。从花园用餐区开始，这里更像是一个休闲用餐空间，里面放置了沙发和凳子。这片区域是仿效中式园林设计的，里面摆满了各种花园植物，地板则是用钻石打造的。这里的墙

面也是用混凝土和木板打造的，定制设计的菊花瓣餐桌也是 Seroeni 娘惹菜馆的一大亮点。

穿过花园用餐区，顾客可以看到设置在区域右侧的公共餐桌和吧台，它们将花园用餐区和主要用餐区分隔开来。公共餐桌与用混凝土和黄铜打造的定制吧台融为一体。吧台设计得非常美观，吧台后方设有金属柜，吧台主桌为黑色花岗岩材质。时尚、现代的吧台设计实现了质朴木板与复古黄铜的完美结合。

充当土生华人宅邸内庭使用的是这家菜馆的中心所在。菜馆内的所有区域均面向主要用餐区，这里的设计与周围区域明显不同。巨型圆柱是主要用餐的一部分，中

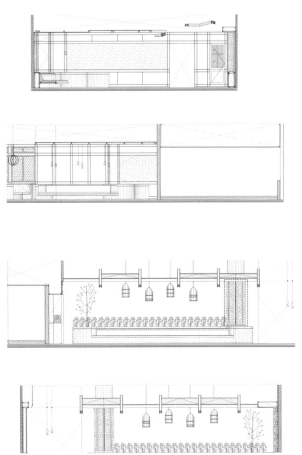

式图案的屏风使这里与整体空间融为一体。为了进一步凸显主要用餐区作为内庭的地位，主要用餐区的天花板也选用了不同的结构——裸露在外的半开放式木制结构，地板则采用了常见于土生华人宅邸的蓝色铺地砖。此外，设计团队还为用餐区添置了鸟笼状水晶烛台。

长条形侧面用餐区位于主要用餐区的一侧，同样面向主要用餐区，符合土生华人宅邸的布局理念。这里摆放有长条沙发，沙发后方为裸露的混凝土墙面，并设有特色屏风。金色的鸟笼状灯具很好地烘托出用餐区氛围。长条形侧面用餐区的中央设置了圆形黄铜色沙发，地板是用"人"字形图案的黑色花岗岩打造的。

充当土生华人宅邸后院使用的后方用餐区有色泽鲜艳的壁画，它也是这家菜馆的鲜明标志。壁画为画师手绘而成，是为这家菜馆专门绘制的。这片用餐区内摆放了三张用木材和黄铜打造的菊花瓣餐桌和十二把红色座椅。天花板为木制结构，并铺设了"人"字形图案的木质地板。

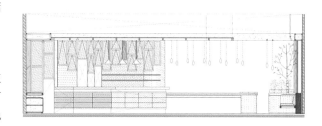

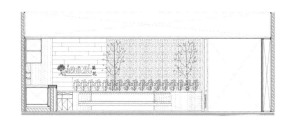

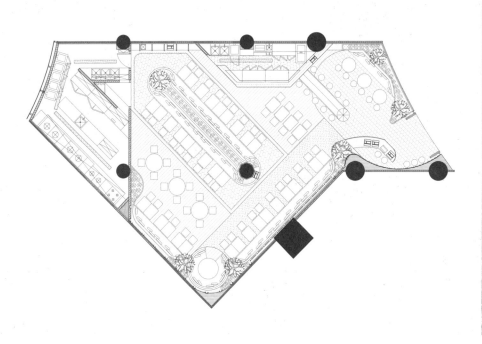

索 引 INDEX

图书在版编目（CIP）数据

网红餐厅：购物中心美食店 / 刘恺编 ． —桂林：广西师范
大学出版社，2019.1
　ISBN 978-7-5598-1123-3

　Ⅰ．①网… Ⅱ．①刘… Ⅲ．①餐馆－室内装饰设计
Ⅳ．① TU247.3

中国版本图书馆 CIP 数据核字 (2018) 第 184249 号

出 品 人：刘广汉
责任编辑：肖　莉
助理编辑：杨子玉
装帧设计：吴　茜

广西师范大学出版社出版发行

（广西桂林市五里店路 9 号　　邮政编码：541004）
（网址：http://www.bbtpress.com）

出版人：张艺兵
全国新华书店经销
销售热线：021-65200318　021-31260822-898
广州市番禺艺彩印刷联合有限公司印刷
（广州市番禺区石基镇小龙村　邮政编码：511450）
开本：787mm×1092mm　　　1/16
印张：15.5　　　　　　　字数：248 千字
2019 年 1 月第 1 版　　2019 年 1 月第 1 次印刷
定价：128.00 元